Tropiques du chercheur

Récits de missions naturalistes
à une époque révolue

5-7, rue de l'École-Polytechnique
75005 Paris

ISBN : 979-10-334-0523-8
EAN : 9791033405238

Jean-Jacques de Granville
Jean-Pierre Gasc

TROPIQUES DU CHERCHEUR

Récits de missions naturalistes à une époque révolue

éditions SÉPIA

Avant-propos

Cet ouvrage est le fruit de l'expérience de deux chercheurs de l'Institut de recherche pour le développement (IRD) et du Muséum national d'Histoire naturelle (MNHN) qui ont passé une partie de leur vie confrontés à la réalité de la forêt tropicale d'Amérique du sud. La forêt néotropicale qu'on assimile mythiquement à l'Amazonie. C'était leur métier et ils en ont produit des travaux scientifiques. Mais ce qu'ils délivrent ici est une expérience humaine, celle des épisodes au cours desquels ils organisèrent des missions conformément à des programmes qui les amenèrent bien loin du mur des laboratoires et des us et coutumes académiques.

La première partie est consacrée au journal personnel tenu tout au long d'une expédition de découverte qui entraina en 1972 toute une troupe dans les confins sud encore mal connus de la Guyane. Ce journal est en quelque sorte celui du capitaine d'un navire parti pour plusieurs mois, totalement isolé et sans guère d'espoir d'un appui extérieur. Minutieusement préparée, se déroule la vie quotidienne d'une équipe bigarrée d'hommes rompus à la vie en forêt car ils y sont nés, soutenant des chercheurs obnubilés par leur objet de recherche. L'ambition était tout aussi grande que les risques. Le lecteur sera sans doute étonné par la bonne humeur, l'humour aussi qui résultent de la cohésion de cette troupe, malgré sa composition hétérogène et les épreuves. Plusieurs années après, les participants, amérindiens, noirs saramacas, alukus ou créoles évoquaient cette aventure comme un évènement marquant de leur vie et c'était l'occasion d'évoquer des anecdotes.

La seconde partie obéit à une autre perspective. Il ne s'agit plus d'exploration d'espaces inconnus, mais de s'assurer du bon déroulement d'un programme continu de recherches associant plusieurs disciplines. En Guyane, ce programme aboutira à la création d'une station permanente de terrain qui a désormais un statut international. Dans ces années 1970, les conditions de travail se caractérisaient à la fois par la pauvreté technologique et la grande liberté de gestion, donc d'action. Les fonds étaient publics et une fois obtenus étaient quasiment récurrents après le contrôle de leur usage, ce qui permettait une programmation pluriannuelle, indispensable dans l'étude de phénomènes biologiques. C'est aussi ce qui permettait des missions comme celle relatée en Amazonie colombienne, à cheval sur les sciences humaines et les sciences naturelles. Le chercheur se trouvait alors confronté à d'autres contraintes émanant de la société dans laquelle il évoluait et pour lesquelles il n'était pas préparé.

Au-delà du caractère personnel de ces expériences, il s'agit d'une contribution à l'histoire d'une époque révolue, que ne connaîtront plus les chercheurs d'aujourd'hui. En effet, l'évolution des techniques, des moyens de transport et des sources de financement, mais aussi des mentalités a totalement changé l'exercice de ce métier. On ne peut nier que la forêt tropicale exerce une fascination certaine. Mais qu'on ne se trompe pas, il ne s'agissait pas de réaliser une performance, ni de valoriser un effort physique et psychologique, mais avant tout de chercher avec passion à connaître et comprendre ce milieu si complexe. Ces récits transmettent aussi le plaisir spécifiquement humain de l'échange et du partage dans une aventure collective où se mêlent des personnes que rien *a priori* ne destinait à se rencontrer et à fraterniser.

PRÉPARATIFS DE L'AVENTURE

EXPÉDITION TUMUC-HUMAC (JUILLET-SEPTEMBRE 1972)

Vendredi 14 juillet

Il est huit heures. Le Cherokee de l'Aéro-club s'élance sur la piste herbeuse du terrain d'aviation de Kourou puis, malgré son chargement important, s'élève très vite au-dessus des savanes. Je suis l'unique passager. À ma gauche, François Suski, un « vieux de la vieille », pilote son « zinc » avec une habileté sans pareille. L'avion est plein à craquer car il ne charge que 200 kg. Tous les bagages sont consciencieusement entassés derrière nous et surmontés des deux gilets de sauvetage. Avant de partir, nous avons fait le plein jusqu'au débordement des réservoirs : « un fût volant...l'incinération gratuite », se plaisait à dire Suski avec malice. C'est toujours rassurant ! Un virage sur l'aile au-dessus de la Land-Rover de l'ORSTOM qui s'éloigne sur l'ancienne route de Kourou à vitesse réduite car la courroie du ventilateur vient de casser et, un 14 juillet ici, il n'est pas question de trouver la pièce de rechange. Puis, nous prenons doucement de l'altitude.

Depuis huit mois, nous préparions minutieusement cette longue et coûteuse expédition, deux chercheurs du Muséum National d'Histoire Naturelle, un photographe et moi-même. Notre but : les « Tumuc-Humac » ou, du moins la région qui portait au siècle dernier et il n'y a pas encore si longtemps, ce nom prestigieux à la consonance envoûtante, avant que l'on s'aperçoive au cours de rares expéditions scientifiques et, surtout de l'observation des photos aériennes, que cette fameuse chaîne de montagne...n'existait pas. Tous les mythes qui étaient liés à ce nom se sont progressivement estompés au cours des ans pour faire place à la réalité : plus d'Eldorado, de Lac Parimé, d'indiens aux longues oreilles, mais simplement une région vide d'hommes, ou presque, couverte de forêt dense et parsemée de nombreux pitons rocheux, d'inselbergs granitiques selon le terme scientifique consacré, dont les plus hauts culminent à sept cent mètres. C'est précisément cette curieuse abondance de « pains de sucre », de « savanes-roches » dont la flore et la faune présentent une originalité certaine qui nous avait décidés à entreprendre cette expédition. En outre, cette zone étant à cheval sur la ligne de partage des eaux entre le bassin de l'Amazone et celui du Maroni, la probabilité de trouver un pourcentage d'espèces d'affinités amazoniennes relativement élevé était un atout supplémentaire. Pour atteindre notre but, nous avions prévu de consacrer une semaine à la remontée du Maroni jusqu'au point de tri-jonction des frontières entre la Guyane, le Brésil et le Suriname. De là, il sera nécessaire d'ouvrir quarante kilomètres de layons en suivant la frontière vers l'est, tracé qui sera jalonné de neuf camps de travail. Ce ne sont donc pas moins de onze hommes d'équipage, deux canots de douze mètres (25 barils), quatre puissants moteurs hors-bord, trois mille deux cent litres d'essence, un important matériel scientifique, sans compter les vivres, les bâches, les bagages personnels, qu'il a fallu prévoir de réunir. Nous serons isolés de tout contact humain pendant près de deux mois !

Il y a quinze jours déjà, débarquaient à l'aéroport de Rochambeau mes trois acolytes venant de Paris. Claude Sastre, un jovial barbu ventripotent, est botaniste comme moi et spécialiste de la famille des Ochnacées laquelle, il faut bien le dire, est représentée en Guyane par un nombre d'espèces plutôt restreint. Son fidèle compère, Jean-Pierre Gasc, est maître-assistant en anatomie comparée au Muséum. Sa passion : la capture et l'étude des serpents. Quant au troisième homme, Max-Yves Brandily, dit « Max », certainement le plus original, est un mastodonte de deux mètres et cent kilos, moustachu, barbu, chevelu, mi-édenté. Officiellement, il est spécialisé dans la photographie de... ballets classiques mais sa préférence va aux clichés d'animaux. Son violon d'Ingres étant l'herpétologie et la collection d'araignées, il va donc certainement, lui aussi, nous gratifier de petits sacs grouillants de serpents et de mygales !

Nous survolons à présent les savanes côtières, laissant successivement à notre droite Sinnamary, Iracoubo, Mana. L'océan est couleur café au lait… Nous passons à la verticale du pont de Saut Sabbat sur lequel la route nationale 1 franchit la Mana. Puis, c'est le moutonnement vert de la forêt dense surmonté du moutonnement blanc des petits cumulus. Arrivé en vue de Saint-Laurent, Suski met le cap vers le sud-ouest et survole le Maroni. Voici Langa Tabiki, la crique Beiman et le saut Grand Coumarou dont les rapides écumeux apparaissent dans une trouée, barrant le ruban glauque du fleuve qui se divise alors en une multitude de petits bras entre les îlots rocheux. Nous volons malheureusement trop haut pour bien voir. Devant nous, la silhouette des Montagnes françaises, également appelées Gaa Caba, rompt la monotonie du paysage. Au loin, c'est le saut Poligoudou, bien connu et redouté des navigateurs. Mais voilà que nous perdons brusquement de l'altitude. Suski veut certainement me faire une démonstration de son adresse légendaire car l'avion semble vouloir plonger dans les rapides qui se rapprochent à toute vitesse. Nous passons maintenant en dessous des cimes des arbres ! Où va-t-il s'arrêter ? Là ? Pas encore…. Il réduit la vitesse, continue de descendre encore un peu et se stabilise, les roues à cinquante centimètres de la surface de l'eau ! C'est fantastique ! On se croirait dans un hydroglisseur ou sur un canot lancé à cent kilomètres heure. À deux mètres en dessous, c'est le défilement en accéléré de l'eau qui bouillonne et des petits rochers qui émergent. Nous évitons les plus gros par de larges virages. Passé le saut Poligoudou, le fleuve redevient calme et nous le suivons toujours au ras de l'eau, au gré des méandres. J'essaie d'imaginer l'air éberlué d'un canotier qui se trouverait face à face avec nous. Enfin, le pilote reprend un peu d'altitude, frôle la cime des arbres et, montrant l'un d'eux du doigt, me dit : « *Symphonia globulifera* », puis un autre : « *Virola surinamensis* » et ainsi de suite… Je suis stupéfait de constater qu'il connaît assez bien la flore, du moins les espèces les plus communes. Il finit par m'expliquer, avec son accent slave, qu'il a travaillé avec Jean Hoock, botaniste à l'ORSTOM et qu'il a même fait, pour lui, des récoltes d'échantillons d'arbres en fleurs en....fixant une lame de sabre et un filet entre les roues de son avion ! Il fallait un original cascadeur de cette trempe pour réaliser pareille performance. Au-dessus de Grand Santi, nous faisons une boucle car les deux canots qui sont amarrés au dégrad me semblent bien être ceux de l'ORSTOM sur lesquels toute notre équipe avec Max Brandily et l'ensemble du matériel doit gagner Maripasoula. Nous franchissons les Abatis Kotika, Papaïchton, Pompidou où le drapeau tricolore flotte majestueusement, surtout en ce jour de fête nationale, au sommet d'un grand mât devant la mairie. On distingue maintenant, au loin, Maripasoula et, plus loin encore, la masse tabulaire des monts Atachi Bakka, riches en souvenirs pour moi. Nous poussons une petite pointe jusqu'au village amérindien d'Aloïké où, après un magnifique piqué, nous passons littéralement entre deux arbres. L'avion suit à nouveau le fleuve, passe devant la gendarmerie et l'hôtel de Maripasoula puis, après un dernier virage, s'engage sur la piste de latérite bosselée, tranchée dans la forêt. Il n'y a pas eu besoin des gilets de sauvetage ! Il est midi et quart et c'est la canicule. Dans l'Estafette qui débouche sur la piste, je reconnais aisément derrière les vitres poussiéreuses, la face hilare et la barbe agressive de Claude. Jean-Pierre est là aussi. Tous deux sont arrivés ici avant-hier dans le même avion.

Seize heures trente.... Dans le bureau du poste de gendarmerie, la chaleur est accablante. Autour de nos cartes, Claude Sastre, Jean-Pierre Gasc, Joseph Kong (hydrologue à l'ORSTOM), le gendarme et moi-même discutons sur notre programme, sur l'itinéraire et le taux d'erreur à prévoir en terrain accidenté pour la mesure des distances au Topofil. Nous préférons laisser ici, en lieu sûr dans le coffre-fort, l'enveloppe contenant les six mille francs destinés à payer le personnel temporaire en fin de mission. Enfin, je me renseigne sur les heures de vacations radio. Nous suons à grosses gouttes tout en digérant doucement le repas que nous a offert tout à l'heure Wandé, l'infirmier du village. L'ordre de mission dûment signé et les dernières formalités terminées, il est temps de s'embarquer pour la station de l'Institut Pasteur de l'Inini où nous devons être logé les prochains jours. Les bagages, entassés tout à l'heure sur la galerie de l'hôtel, sont descendus au bord du Maroni et chargés sur le canot.

Enfin, le moteur vrombit et c'est un délice de filer sur l'eau, les corps agréablement rafraîchis par le vent. À cette heure avancée de l'après-midi, l'éclairage est très beau, la lumière dorée, la silhouette lointaine des monts Atachi Bakka bleutée. Nelson, un brave et distingué Sainte-Lucien est aux commandes, c'est-à-dire au moteur. Son aide, un jeune Boni, se tient sur la proue du canot. Après un quart d'heure de navigation, nous nous engageons dans l'embouchure de l'Inini. Puis, voici la station : c'est une sympathique maisonnette en bois dominant la rivière du haut de la berge, dans une petite clairière percée dans la forêt. À cinq, nous avons toute la place que nous voulons dans ce « deux pièces cuisine ». Le bâtiment, construit récemment, est propre et solide, les portes sont munies de verrous de sûreté et la galerie abritée est un lieu paisible où l'on peut rêver ou écrire pendant des heures en regardant les feuilles mortes descendre au fil de l'eau. Quant aux toilettes, elles sont installées dans une « cabane-mirador » montée sur pilotis à plusieurs mètres au-dessus de l'eau (plouf !). Tout autour, le paysage forestier m'est bien familier ainsi que les chants d'oiseaux qui percent le silence et résonnent sous la voûte végétale.

Pendant le dîner, nous avons droit au concert des singes hurleurs. Nelson, qui parle assez bien français mais surtout anglais et créole, affiche, dans son comportement, une note très britannique. Il nous sert, avec beaucoup de courtoisie, des boîtes de pâté et de maquereaux au vin blanc accommodées à sa façon avec des morceaux d'œufs durs et des tranches de concombres. La lampe de poche remplace le groupe électrogène, en panne. Avec Claude et Jean-Pierre, nous installons le bivouac dans la pièce qui nous est attribuée et où, par bonheur, je découvre un lit de camp qui remplacera avantageusement le hamac.

Samedi 15 juillet

Réveillé par des bruits étouffés de vaisselle à travers mes boules Quiès, j'ouvre l'œil vers sept heures, bientôt suivi par mes deux compagnons. Les canots ne sont toujours pas arrivés et nous commençons à nous demander où ils peuvent bien être et si ce sont bien eux que nous avions vu hier, à Grand Santi, depuis l'avion. Après un copieux petit déjeuner à l'anglaise, je fais avec Claude un tour en forêt derrière le carbet, juste le temps de récolter deux ou trois plantes à mettre sous presse au retour. C'est ensuite au tour de Jean-Pierre de faire une petite reconnaissance des lieux.

Au loin, le bruit d'un moteur… Peut-être nos canots ?... Non, pas encore ! Ce sont trois jeunes Boni qui viennent bavarder dix minutes avant de continuer leur route. Une demi-heure s'écoule. Encore un vrombissement du côté de l'embouchure et qui va en s'amplifiant. Les oreilles averties du jeune Boni discernent deux puissants moteurs. Cette, fois, ce ne peut être qu'eux et nous voyons enfin surgir les deux bateaux, lourdement chargés, drapeau tricolore au vent, qui viennent accoster majestueusement devant nous. Max trône au milieu de l'un d'eux. Il a l'air enchanté de son voyage. On décharge en faisant la chaîne puis nous faisons le point. Une partie du matériel arrivera dans un troisième canot. Le départ n'est donc pas prévu avant lundi, ce qui n'enchante guère mes compagnons, pressés d'atteindre notre but.

Max, cheveux grisonnants au vent, vêtu d'un mini-slip au-dessus duquel pend son gros ventre, est déjà en train de courser un lézard parmi les branches mortes, à l'aide d'un instrument perfectionné, sorte de canne à pêche télescopique munie, à l'extrémité, d'une boucle en nylon qui peut être serrée à volonté. Ce petit jeu, qui l'occupe une bonne heure, ne sera d'ailleurs couronné d'aucun succès.

L'après-midi et la soirée passent relativement vite et, après dîner, Burgot me demande l'autorisation, accordée bien volontiers, d'aller avec l'équipe fêter le 14 juillet au son des tambours, au bal de Maripasoula. Pendant ce temps-là, ce sera pour nous l'occasion de raconter nombre de bonnes histoires, jusqu'à épuisement du butane de la lampe, avant d'aller se coucher.

Dimanche 16 juillet

Très tôt, je suis réveillé par le bruit d'un canot qui arrive. Sans doute les fêtards sont-ils de retour mais, lorsqu'à sept heures, je mets le nez dehors, il n'y a guère que Didier qui dort, affalé au fond de l'embarcation. Où sont donc les autres ? Sur la rivière, un épais brouillard se lève lentement. À neuf heures, un nouveau bruit de canot se fait entendre et, cette fois, c'est le gros de l'équipe qui réintègre le bercail. J'aperçois Burgot qui descend le premier, furieux et catastrophé. J'apprends très vite que c'est après Didier qu'il est en colère, ce dernier étant rentré seul avec le canot de l'ORSTOM, sans prévenir ses compagnons. Le pauvre Burgot, constatant la disparition du canot, croyait qu'il avait été volé et frisait le désespoir jusqu'à ce qu'il l'aperçoive ici, ayant pu lui-même trouver une bonne âme pour le ramener avec le reste de l'équipe, à la station de l'Inini. Sa rancune restera vive pendant plusieurs heures encore.

Pour oublier la monotonie des lieux, nous faisons chacun un bon tour en forêt à la recherche, qui d'un petit serpent, qui d'une belle araignée, qui de la plante rare. Max, le plus matinal, est parti depuis six heures. Si la récolte n'a pas été particulièrement fructueuse, la balade a au moins pour effet de creuser les estomacs et c'est de bon cœur que nous nous attablons devant une savoureuse pimentade d'aïmara frais (gros poisson carnassier de rivière), acheté le matin même à un pêcheur de passage et préparé de main de maître par le brave Nelson. Après un aussi bon repas, Claude et Jean-Pierre préfèrent s'allonger dans leurs hamacs, tandis que Max étale sur la table fioles et petites boîtes afin de trier ses araignées.

Lundi 17 juillet

Six heures... C'est le branlebas de combat... Nous devons quitter les lieux pour le village amérindien d'Antécume Pata. À huit heures seulement, tout est prêt...sauf Max, encore consciencieusement attablé devant ses flacons et ses araignées dont le classement n'est pas terminé. On n'attend plus que lui et l'on passe le temps à bavarder en regardant l'eau couler, assis par terre sur la berge… À huit heures et demie, c'est enfin le démarrage. Les deux gros canots se dégagent lentement, en marche arrière et, après un demi-tour à vitesse réduite, s'élancent sur le fleuve, drapeaux claquant au vent. Les mains s'agitent vers Nelson et son jeune aide, debout sur la berge, un peu mélancoliques de quitter notre joyeuse compagnie. Nous arrivons bientôt au confluent avec le Maroni (qui prend ici le nom de Litani) et, tandis que l'équipe de Mano redescend à Maripasoula chercher Pinel, notre dernière recrue, nous remontons le fleuve, bercés par le ronronnement du « Chrysler ». Le paysage est toujours très beau et, sur le mur végétal, dansent les reflets du soleil sur l'eau que nous troublons. Au niveau de l'Ilet Assadam Tabiki, nous franchissons un petit saut. Plus haut, les rapides deviennent sérieux et nous dépassons un village amérindien. Voici Entoucas, le dernier magasin du Maroni. Aucun arrêt n'est prévu, sauf pour ceux qui auraient pu oublier quelque chose car on peut y acheter toutes sortes d'objets utiles. À partir de là, je ne connais plus les lieux. Nous laissons encore quelques villages amérindiens de part et d'autre et puis, c'est le début des grands sauts. Le canot se faufile en vrombissant dans les veines d'eau profondes qui s'engouffrent entre les rochers couverts de « salades-coumarou » (Podostemonacées). Il n'y a rien de plus beau que ces épis de fleurs mauves, dressés dans le soleil, éclaboussés par les remous. Chaque fois, nous grimpons un bon mètre. Les « bistouris » sont nombreux et tortueux. Encore des toits de chaume qui émergent de la végétation sur une île : c'est Antécume Pata, « *village pilote pour la défense des Wayana* » comme nous pouvons le lire sur une grande pancarte fixée au-dessus du dégrad.

Panneau à l'approche du village où s'était fixé André Cognat (Antecume).

En haut du talus de terre rouge, les amérindiens aux cheveux noirs sur une peau brune et mate, nous observent en silence. L'un d'eux, plus âgé, porte des tatouages noirs sur le front, le nez et le menton. Il se présente : « Capitaine Malavate, chef du village », puis nous conduit à une superbe et immense case ronde, le « toukouchipann ».

La case commune ou Toukouchipan.

C'est un énorme chapeau chinois, un peu arrondi et dont le toit de palmes descend à un mètre au-dessus du sol, de sorte qu'il faut se plier en deux pour y pénétrer. La charpente est magnifique et d'une régularité surprenante. Au sommet, à l'intérieur, est fixé un joli « ciel de case », plateau de bois circulaire d'un mètre de diamètre sur lequel sont peints, de couleurs vives, des animaux stylisés. Nous prenons possession des lieux en y déballant toutes sortes de bagages, tandis qu'on vient nous offrir deux calebasses de « cachiri » (bière de manioc fermentée). Trop pour apaiser notre soif ! Assis dans l'obscurité du « toukouchipann », on peut observer sans être vus tout ce qui se passe dehors, au soleil, depuis les grosses paires de fesses des femmes qui déambulent jusqu'à l'homme perché sur la charpente d'un carbet qu'il construit. Les enfants sont très familiers et s'installent à côté de nous, dans les hamacs que l'on vient de tendre. Quant au chef Malavate, il s'avère très vite un odieux mendiant et rôde dans la case en quémandant successivement des biscuits, des cigarettes, du chocolat, des savons, du parfum.... Il va même jusqu'à proposer l'échange de ma cantine rouge contre la sienne. Je refuse, bien sûr, et me mords les doigts d'aimer, moi aussi, le rouge : cantine, coffrets photo, imperméable etc. C'est une couleur qui fascine les amérindiens ! C'est alors que notre grand et gros Max va entamer un remarquable numéro de cirque en préparant du thé. Vêtu de son mini-slip noir, il verse l'eau chaude dans la casserole à cinquante centimètres de hauteur en prononçant des paroles incompréhensibles qui se veulent magiques et rituelles. La comédie continue en jetant dans le thé des pincées de sucre avec de grands gestes étranges. Tout le monde rit, nous les premiers.

Le ciel de case dans le Toukouchipan.

La scène se poursuit avec les préparatifs pour la chasse aux lézards. L'accoutrement est pour le moins surprenant : il enfile un ample treillis bariolé, serré sur les rangers par des bandes adhésives qu'il enroule autour de ses chevilles, bandes qui maintiennent en même temps l'étui du sabre dont le haut est attaché au niveau du genou. Son accoutrement est complété par une sorte de gilet de chasse marron, en « grillage » dans la moitié supérieure, et dont la moitié inférieure, comportant des parties en cuir, est munie d'une quantité de poches dont la plus grande est dans le dos ! La ceinture est large, également pourvue d'un grand nombre de pochettes, musettes, toutes une invraisemblable batterie de cuisine, de bocaux, tubes, pinces qui tintent comme des grelots au moindre mouvement. Les cheveux, tirés en arrière, sont attachés en chignon. Enfin, il tient à la main une longue pince comme celles qu'utilisent les épiciers pour saisir les boîtes qui se trouvent sur les rayonnages les plus élevés. Et c'est ainsi que Max se lance à l'assaut d'éventuels reptiles entre les cases du village. Mais, auparavant, il va nous faire une démonstration pratique de sa pince à serpents. En effet, Malavate rôde à nouveau parmi nous, mais cette fois avec un arc et des flèches modèle réduit dans la visible intention de trouver acquéreur. Malheureusement pour lui, n'étant pas de simples touristes du Club Méditerranée, nous nous esclaffons devant la taille de ses armes qui semblent des jouets d'enfants. Alors, pour nous prouver le contraire, il bande son arc et tire vers le ciel une flèche qui monte très haut avant de venir se planter dans le toit de la case, hors de portée de main. Max, à l'aide de sa longue pince, la récupère sans mal et c'est l'amusement général mais beaucoup, maintenant, convoitent ce curieux instrument.

Claude et moi décidons d'aller faire un petit tour en forêt autour du village. Comme nous sommes sur une île, nous ne risquons pas d'aller bien loin. Le sentier passe d'abord près d'une tour en bois au sommet de laquelle est perchée une citerne. C'est sans nul doute le château d'eau. Puis, nous arrivons sur des rochers, au bord du saut. Là, il y a une petite piscine naturelle où une femme, après avoir retiré son calimbé qu'elle a délicatement posé sur le rocher, se baigne tout en lavant son bébé. Cette scène est pleine de poésie. Pendant ce temps, un jeune garçon de cinq ou six ans plonge hardiment dans les tumultes du rapide et se laisse descendre à toute vitesse dans la veine d'eau, entre les rochers. Il recommence plusieurs fois ce petit jeu sans jamais se cogner. La promenade nous mène ensuite dans une forêt broussailleuse et basse inondable pendant les hautes eaux, puis dans une forêt de terre ferme. Les espèces en fleurs sont peu nombreuses. Par contre, je remarque la relative abondance des papillons par rapport au nord de la Guyane. Nous finissons par rebrousser chemin, d'autant plus vite qu'un violent orage nous arrose copieusement.

À la lueur de la lampe « Camping gaz », au centre de la grande case ronde d'Antécume Pata, une montagne de bagages hétéroclites s'étale en masse informe. L'ensemble est dominé par une boîte à glace surmontée d'une valise. En équilibre sur cette dernière, le transistor de Romule diffuse à tue-tête une musique typiquement chinoise, entrecoupée d'airs surinamiens. Sur une cantine rouillée, la pile d'assiettes sales du dîner prend un petit air penché et tient compagnie à la lampe à butane à côté de laquelle brille une veilleuse à pétrole. Burgot, assis sur un billot, écrit je ne sais quoi à je ne sais qui. Partout autour de nous, se tiennent des Oyanas, ventrus, nus ou presque, calimbé rouge entre les jambes. La plupart sont vautrés dans nos hamacs tendus en tous sens. Dans celui de Burgot, deux adolescents s'amusent à des jeux badins. L'un d'eux, aux cheveux presque roux, a un œil qui regarde en l'air, l'autre par terre. Serrés l'un contre l'autre, ils se pétrissent mutuellement les doigts. À ma gauche, deux jeunes amérindiennes, aux seins fermes et pointus, se tiennent immobiles, appuyées contre un poteau. Celle qui a les cheveux courts, ayant subi récemment le « maraké », est particulièrement séduisante malgré ses quelques quatorze ou quinze printemps. Elle est belle et typée. À ma droite, notre énorme Max, drapé dans une houppelande en madras qui lui tombe jusqu'aux talons, converse à voix basse depuis une heure avec André Cognat, le lyonnais habillé en Oyana, fils adoptif de Malavate, et maintenant parfaitement assimilé à la communauté dont il défend et partage les intérêts, les mœurs et les traditions. Claude, qui a enfilé sa veste de pyjama, déambule d'un air jovial alors que Jean-Pierre est dans son hamac, flanqué de deux enfants dont l'un essaie de sortir quelques sons d'une flûte taillée dans…un vieux tuyau en plastique. Derrière l'ensemble, s'étale le drapeau français, provisoirement retiré du canot et tendu au bas du plafond de la case. Ce spectacle me paraît incroyablement cocasse et je ris tout seul de la situation avant d'aller me réfugier derrière ma moustiquaire et me glisser dans mon hamac, boules Quiès soigneusement enfoncées dans les oreilles.

Mardi 18 juillet

Sept heures… Au-dessus de mon hamac, suspendue à l'extrémité d'une baguette, la vannerie, entre les mailles de laquelle sont coincés quelques centaines de cadavres de guêpes, se balance et tourne au gré du vent… C'est le vestige d'une pénible initiation, lors d'un « maraké » pendant lequel des centaines d'aiguillons ont dû cuire atrocement la peau d'un jeune Oyana. Les coqs ont chanté depuis six heures et m'ont réveillé mais je ne suis pas pressé de me lever car nous ne quitterons pas le village aujourd'hui.

La matinée se passe, pour moi, à attendre vainement le retour du canot de Zeppina, parti hier après-midi chercher le reste du matériel à Maripasoula. À midi, je vais chez André Cognat afin de brancher notre radio sur sa grande antenne pour essayer de contacter Cayenne. Antécume (c'est le nom que les amérindiens lui ont donné) occupe une belle case sur pilotis dont le premier étage est divisé en plusieurs pièces. L'escalier qui y donne accès est pourvu, devant l'entrée, d'un paillasson, et j'ai la surprise d'apercevoir, dans le coin cuisine, un superbe évier en acier à deux bacs. Ce que j'ai vu hier était donc bien le château d'eau. Dans la salle commune, on remarque des bancs, une table, une machine à écrire, un coin radio… Voilà un amérindien bien équipé ! L'émetteur installé et la batterie branchée, je parviens sans peine à communiquer avec l'ORSTOM à Cayenne. La conversation est courte car, d'un côté comme de l'autre, nous n'avons guère de nouvelles importantes à nous donner.

Mes trois compagnons étant de retour de leurs tournées de récolte, nous bavardons sur la place du village avec André qui, décidément, gagne à être connu et qui nous entretient de ses problèmes et de ses difficultés avec les autorités préfectorales et militaires. Alors même qu'il nous raconte comment l'armée, au cours de sa dernière mission officielle, a hissé les couleurs contre son gré au milieu de la place du village, nous apercevons Didier, faisant le tour du « toukouchipann » en brandissant le drapeau tricolore à bout de bras. Nous éclatons tous de rire de cette merveilleuse coïncidence. Avec Claude, je vais jusqu'aux rochers du saut pour photographier et récolter quelques-unes de ces belles Podostémonacées qui recouvrent la pierre. Puis, c'est le retour de Zéppina…. Enfin ! Je commençais presque à m'inquiéter.

Le soir venu, c'est, comme hier, le même folklore sous la grande case. Tout le monde est là, amérindiens, créoles, bonis, blancs. Un Oyana, mi paralysé des jambes, progresse difficilement à l'aide d'un grand bâton. Ses pieds sont horriblement mutilés par les chiques qui lui gonflent la peau de centaines de boursoufflures. André vient encore longuement bavarder avec nous et nous apprend toutes sortes de choses intéressantes, en particulier ses contacts avec les

« Oyaricoulets » de la région du haut Litani et des Tumuc-Humac, apportant ainsi la preuve formelle de leur existence. Ce sont des « indiens sauvages », des nomades qui vivent à l'âge de la pierre, ne font pas d'abattis et se nourrissent uniquement de chasse, de pêche et de cueillette. Ils sont redoutés par toutes les ethnies de Guyane. Cognat nous dit avoir obtenu d'eux quelques outils en pierre polie….que nous ne verrons malheureusement pas. Je m'endors en rêvant aux Oyaricoulets que, peut-être, qui sait, nous rencontrerons, tandis que Claude fume dignement un « tamouré », sorte de cigare amérindien long de vingt centimètres...

Navigation

Mercredi 19 juillet

À six heures, nous sommes déjà tous réveillés car nous allons quitter Antécume Pata aujourd'hui. À six heures trente, nous avons droit à la Marseillaise, en fanfare, diffusée par Guyane Inter sur le poste de Romule. À sept heures, on commence à charger les canots puis nous allons faire nos adieux à André Cognat et offrir à Malavate quelques modestes cadeaux en remerciement de son hospitalité (!) : cigarettes, lames de rasoir, chocolat... Antécume nous accompagne jusqu'au dégrad et, après de bien longs préparatifs pour tout charger sur les deux canots, nous agitons nos mains vers le village qui s'éloigne. Nous emmenons avec nous deux jeunes Oyanas recrutés sur place la veille : Anaïmin et Alouamali. L'eau bouillonne tout autour de nous car nous sommes en plein milieu des grands sauts du Litani et le plus dur reste à faire ce matin. C'est d'abord une suite de rapides tumultueux que l'habileté de notre équipage et la puissance du moteur parviennent à vaincre sans trop de mal. Puis, la situation se corse car voici maintenant de véritables sauts et les canots doivent être allégés sinon du matériel, du moins de leurs passagers. L'équipe étant maintenant au complet, nous sommes quinze au total ! Accostés à la pointe d'un rocher, balancés par les remous, nous devons donc mettre pied à terre......ou plutôt à l'eau et, là, commence une longue pérégrination à travers le saut, les jambes dans l'eau, luttant contre le courant et cherchant à tâtons, avec les pieds, les hauts fonds rocheux. Tout étant recouvert, sur plusieurs épaisseurs, par les grandes feuilles rugueuses des « salades-coumarous », il n'est pas toujours facile d'évaluer la solidité et les limites du substrat. Nous faisons de petites haltes sur les rochers émergés pour filmer ou photographier le travail des canotiers qui poussent, tirent et guident les embarcations à grands renforts de cris en remontant le courant.

Passage de la pirogue dans les sauts de l'Itany.

Puis, après avoir remis les appareils photo dans leurs mallettes étanches, nous poursuivons notre promenade semi-aquatique jusqu'à un îlet qu'il faut maintenant traverser au milieu d'une jungle inextricable sur plusieurs centaines de mètres. Burgot en tête, suivi de Max Brandily, dégagent le chemin à coups de sabre d'abattis au milieu des salsepareilles épineuses et, surtout, des redoutables *Scleria* ou « herbes-rasoir » qui lacèrent bras et jambes en y laissant de profondes égratignures. Nous avons donc tout intérêt à ne pas faire de mouvements brusques car c'est en voulant se dégager des feuilles que les minuscules aiguillons recourbés qu'elles portent sur leurs bords s'accrochent à la peau. Enfin, nous parvenons à la tête du saut où nous sommes bientôt rejoints par les deux canots, un peu mouillés mais intacts. Ouf ! Nous pouvons réembarquer et partir à travers de nouveaux rapides moins « méchants ». Cette fois, nous n'avons plus besoin de descendre et nous en sommes quittes, simplement, pour quelques émotions.

Il est dix heures trente… Le fleuve redevient calme ; la série des grands sauts est passée. Nous accostons sur une île où se dressent deux cases amérindiennes plus ou moins abandonnées. Sous leur toit de palmes, nous attendent les fûts d'essence et les bagages les plus gros, amenés ici l'avant-veille. Il semble impossible d'ajouter encore quelque chose à notre chargement déjà bien « copieux » de nos deux canots et, contrairement à ce que pense Zeppina, je crois bien qu'un second voyage de fret jusqu'à la crique Ouarémapann sera nécessaire. Mais, ô stupeur, petit à petit, tout finit par prendre place, non sans mal il est vrai. Les montagnes de matériel qui recouvrent les canots prennent petit à petit de la hauteur et, une fois terminées, sont solidement maintenues par les bâches. Il n'est point besoin de dire que l'eau n'arrive pas bien loin du haut du bordage mais nous flottons toujours et c'est le principal. Les moteurs sont lancés et…en avant pour les Tumuc-Humac !

Nous glissons lourdement sur les eaux calmes et désertes. À partir de là, il n'y a plus de villages, plus d'hommes, plus de canots. La gamme des verts, des ocres, des bruns de la forêt qui se dresse sur les rives donne, à juste titre, une impression de richesse végétale qui contraste avec la monotonie du paysage. Le fleuve est toujours pareil à lui-même, l'eau toujours trouble, la forêt toujours immuable et silencieuse et, pourtant, si vivante. En ce début de saison sèche, il ne pleut presque jamais et le soleil nous brûle la peau. Nous traversons, tout au long du parcours, des zones aux senteurs merveilleuses qui flottent en nappes sans se mélanger : odeurs de fleurs de toutes sortes, d'épices, de vanille, de cannelle, de pin….C'est délicieux… Un caïman plonge depuis la berge. Les animaux, en général, restent pourtant invisibles et, seuls, quelques oiseaux se montrent : aras, toucans, rapaces, caracaras ou « cancans »… Jusqu'à dix-sept heures, nous naviguons sans nous arrêter, le postérieur quelque peu éprouvé par la dureté de la planche qui sert de banc. À gauche, au niveau de l'ancien village Lavaud, apparaît un abattis récent dans la forêt. C'est là qu'André Cognat aurait souhaité transférer son village pour s'éloigner des touristes, en leur opposant la barrière, difficilement franchissable, des grands sauts du Litani. Ce terrain dégagé sera pour nous l'occasion inespérée d'un campement pour la nuit. Nos hommes ajoutent donc un carbet à ceux qui existent déjà afin que chacun puisse trouver place. À la nuit tombée, lorsque je descends la pente jusqu'aux canots pour y faire ma toilette, je réalise que là-haut, le camp a un véritable air de kermesse avec tout ce monde, ces petites lumières qui brillent et, surtout, l'éternel poste à transistors qui déverse ses décibels sur la forêt qui nous entoure.

Jeudi 20 juillet

Six heures.... Une nouvelle journée de navigation commence et, dès le départ, la monotonie me lasse. Carte en main, je compte chaque méandre afin de suivre notre position à tout moment. Peu d'animaux, plus d'hommes ni d'abatis. Nous nous éloignons progressivement du monde « habité ». À treize heures, voici le Saut Lavaud qui écume en plein soleil en grondant furieusement. Cette fois, il nous faut décharger en partie les canots dont le contenu est porté à dos (ou plutôt à tête) d'homme, deux cents mètres plus loin, à travers un sentier percé dans la forêt.

Saut Lavaud. Passage à la cordelle.

Pendant que le gros de l'équipe fait ce travail, nos deux amérindiens, Alouamali et Anaïmin, pêchent au lancer dans le saut où ils circulent, de l'eau jusqu'aux cuisses, avec une parfaite aisance malgré la violence du courant. Soudain, l'un d'eux ferre un gros poisson qui l'entraîne vers le bas. Il le suit, galopant au milieu de l'eau tumultueuse sans perdre l'équilibre, puis finit par le harponner d'une flèche. C'est un superbe coumarou qui est découpé et préparé sur le champ par les soins de Didier qui a vraiment un penchant marqué pour la cuisine. Il le fait cuire dans une marmite avec sauce tomate, ail et oignon pendant que le second canot passe le saut et, lorsque tout est fini, les travailleurs de force n'ont plus qu'à se mettre à table ! Extraordinaire complémentarité des compétences. Après avoir, nous aussi, rempli nos gamelles de couac (semoule de manioc) et de poisson, nous embarquons et repartons. À bord, on mange une papaye ; c'est rafraîchissant ! Le moral des troupes est bon car, sur l'autre canot, on a tué trois hoccos (*Crax alector*, sorte de dindon de forêt) et deux iguanes. Alors, lorsqu'à seize heures, nous établissons le camp sur la rive surinamienne, la bonne humeur règne, les rires et les cris fusent de toutes parts. On y distingue bien la voix grave de Pinel qui, avec son catouri-tête perché au sommet du crâne, arbore un style très « tonkinois » ! Les carbets sont construits en un temps record (une demi-heure) par les onze hommes réunis dont les efforts conjugués donnent une formidable impression de puissance. Le dîner est un vrai festin car nous avons le choix entre le hocco en fricassée, le hocco aux herbes de Provence, la pimentade d'aïmara ou l'iguane en sauce, cuit à la cocotte-minute. La soirée se termine par une bonne pluie. Cette nuit, nous dormirons donc au Suriname…puisque nous sommes sur la rive gauche !

Vendredi 21 juillet

Encore le fleuve, toujours le fleuve… Nous filons dans les dernières brumes matinales qui achèvent de se lever. La faune semble plus riche qu'hier. On voit beaucoup d'oiseaux : des martins pêcheur gris-bleu et blanc, de grands hérons blancs, des rapaces, des toucans. De temps en temps, un iguane se laisse tomber dans l'eau avec un gros « floc » depuis le haut d'un arbre, effarouché par l'approche des canots.

À onze heures trente, c'est l'arrêt « casse-croûte » sur un beau rocher plat qui émerge et prolonge la rive. D'après nos Oyanas, nous sommes ici à Oulépanéné, un peu en aval de l'ancien village de Yalou. Le site est très agréable et le soleil brille.

La pause.

Etendus sur le rocher, nous mangeons le reste du hocco de la veille accompagné de couac lorsque Max, qui nous étonnera toujours, fait une apparition très remarquée, vêtu d'une simple coquille en peau de chamois, un modèle en usage sur l'île du Levant ! L'effet de surprise passé, les rires fusent, accompagnés de longs commentaires en créole et en taki-taki. Zeppina, qui se tient les côtes, se roule littéralement par terre. Quant à Max, il se pavane en s'écriant d'une voix chantante : « *Ça, c'est mon calimbé à moi ! On appelle ça un minimum !* ». Avant de quitter les lieux, Anaïmin (appelé aussi Mimisikou), s'approche de moi avec un fragment de tronc d'un arbrisseau d'un peu plus d'un centimètre de diamètre, fendu en quatre dans le sens de la longueur… « *Oyaricoulets !* », me dit-il. Je suis assez surpris mais, devant son air catégorique, je me résigne à croire que c'est un signe de piste de ces fameux « indiens sauvages ». Les créoles, qui en ont une peur bleue, préfèrent imaginer qu'il s'agit là de l'œuvre d'un maïpouri (tapir).

Une demi-heure plus tard, on reprend la rivière. À douze heures trente, nous franchissons l'embouchure de la crique Alama et l'orientation générale du Litani passe de nord-sud à est-ouest. À treize heures trente, c'est la crique Koulé-Koulé que nous laissons à notre gauche et, à partir de là, nous sommes en territoire surinamien ! Puis, un tronc d'arbre effondré, le premier que nous rencontrons, obstrue la rivière. Il faut le couper à la hache. À quatorze heures, sur l'autre canot, derrière nous, on entend crier« *pingo ! pingo !* », ce qui veut dire « cochon-bois » en taki-taki, la langue des Boni. Ils les ont détectés à l'odeur ! Bientôt, la première montagne importante apparaît dans l'axe de la rivière. Sur les petites plages de sable mouillé et les morceaux de bois humide qui émergent, il y a de véritables essaims de piérides jaunes qui s'envolent en nuages à notre passage. Il est quatorze heures trente : voici enfin l'embouchure de la crique Ouarémapann que nous devons remonter jusqu'au départ du tracé amérindien qui mène au Brésil. Nous nous y engageons prudemment car elle est très étroite et encombrée. Le camp est installé sur la rive gauche, presque à l'embouchure, en terrain bien plat, sous une belle futaie. C'est une vraie course : on entend de tous côtés sonner les lames des sabres, les troncs arrivent par dizaines et Georges, qui est une force de la nature, les plante avec vigueur en ahanant bruyamment. En moins de temps encore qu'hier, les deux carbets sont construits et les bâches tendues. Ce soir, nous apprenons quelques nouveaux détails sur les « Oyaricoulets » grâce à l'un de nos Oyanas qui les a déjà rencontrés : ce sont de grands hommes, blancs, barbus, au cheveux noirs...donc d'un type assez éloigné des amérindiens que nous connaissons. Leur langage serait incompréhensible.

Samedi 22 juillet

Nous progressons peu dans la crique Ouarémapann, très obstruée. À tous moments, il y a des arbres couchés en travers qui doivent être sectionnés à la hache et les méandres sont, de surcroît, très serrés. On se faufile dans un couloir de verdure. À quinze heures, un tronc énorme barre la rivière et deux heures ne sont pas de trop pour le couper. Nous en profitons pour installer le camp ici et c'est avec Didier que je me baigne dans l'eau fraîche, rincé par un bon courant. En cherchant des araignées, Max s'ouvre une verrue de la cheville avec un bout de bois. Le sang coule sans vouloir s'arrêter. Il fait nuit maintenant et, avant de se coucher, Claude prend un cours de Oyana avec Mimisikou et note consciencieusement le vocabulaire et la syntaxe sur son carnet. Vers minuit, je suis réveillé en sursaut par deux coups de feu tirés tout près. Des cris retentissent : « *Maïpouri ! Maïpouri !* » Un tapir a été abattu !

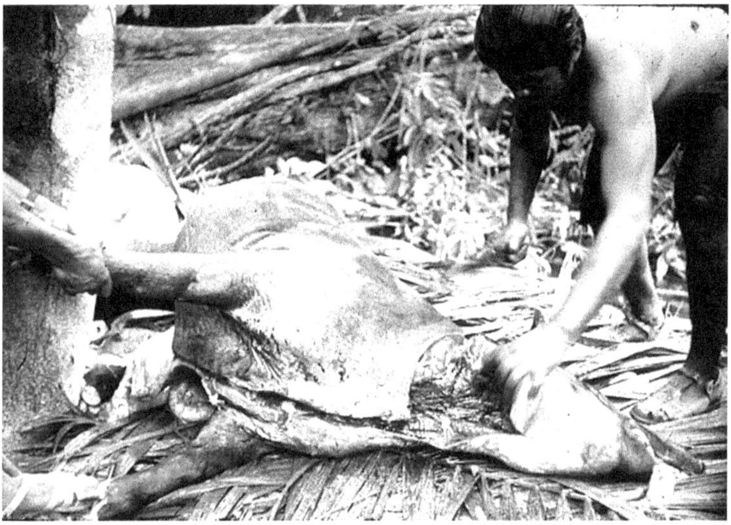

Dépeçage du tapir.

Dimanche 23 juillet

Ce matin, le départ est retardé par la préparation du « maïpouri » tué dans la nuit. Un vrai carnage, guère appétissant après le petit déjeuner. L'animal, qui pèse une centaine de kilos, est hissé en haut de la berge par une corde passée autour du cou. Son pelage est gris foncé et le ventre bien replet. Sous sa petite trompe, un filet de sang suinte entre les dents. Les hommes le maintiennent sur le dos par les quatre pattes, tandis que Romule commence à lui ouvrir le ventre à coups de sabre, dans le sens de la longueur. Le cuir et l'épaisse couche de graisse une fois fendus, on voit surgir, dans une bouffée fétide, d'énormes entrailles blanchâtres et gonflées : la panse et les intestins. C'est Didier qui se charge de les retirer et de les jeter à la rivière où elles descendent doucement le courant en dérivant... Maintenant, on aperçoit, au fond de la cage thoracique, une véritable baignoire de sang. Le découpage continue pour s'achever lorsque les quartiers du tapir sont entassés, bien au frais, dans le fond du canot. Jean-Pierre récupère la tête sanguinolente dont il veut conserver le crâne et la fourre dans un sac de toile. Didier, qui a déjà découpé le filet en tranches, en fait de délicieux et tendres biftecks, grillés aux oignons, que nous dévorons sur le champ. Et puis, c'est une fois de plus le chargement des bateaux, le retrait des bâches et le départ. En embarquant, Max perd au fond de l'eau son piège à lézards, ce qui le met de mauvaise humeur.

Nous en sommes au septième jour de navigation depuis Maripasoula, au dixième jour pour Max qui est parti de Saint-Laurent. C'est là que l'on mesure l'éloignement et l'isolement où nous sommes. Arriverons-nous ce soir ? Je l'espère et le souhaite mais je commence à sentir le découragement m'envahir lorsque, le premier méandre franchi, nous nous trouvons face à un barrage presque infranchissable d'arbres écroulés. Il faut déjà sortir les haches et attaquer les gros troncs. Les éclats de bois sautent, l'eau gicle et la sueur perle sur les dos noirs et musclés qui brillent au soleil. Touini y met tout son cœur. Le travail dure une bonne heure avant de pouvoir poursuivre notre route...oh, pas bien longtemps hélas car, dix minutes plus tard, il faut encore dégager la rivière qui devient de plus en plus étroite et où nous circulons très lentement. Les méandres sont parfois si serrés qu'il nous faut faire une double manœuvre, avec marche arrière, pour les franchir. Les hauts fonds sableux, le long de la rive convexe, réduisent encore le champ d'action. La progression est interminable avec ces longs et encombrants bateaux de douze mètres de long, trop chargés. Comme hier, les obstacles sont tantôt de simples amas de branches et de lianes, tantôt de petits troncs, parfois hélas des gros. Lorsqu'il s'agit de « bois canon » ou de « pinots » (palmier des forêts marécageuses), creux et tendres, cela ne pose pas de problème. On en vient vite à bout et Zeppina ne prend même pas le temps d'arrêter le moteur. Les bois durs, par contre, demandent facilement une demi-heure, voire une heure de travail. Je regrette de ne pas avoir emporté de dynamite. Nous sommes là, impuissants, à regarder les hommes trimer, à les filmer ou les photographier. À côté de moi, le gros Max prend beaucoup de place et s'agite énormément. Il se lève à tout bout de champ pour « mitrailler » et offre à Claude et à Jean-Pierre, qui sont derrière, le spectacle peu réjouissant du gros plan de ses fesses nues et roses. Sur l'autre canot, Burgot, Didier et Pinel occupent la place des passagers tandis que Mano, le motoriste, est efficacement secondé par trois bossmen : Simon et les deux amérindiens qui se dressent dignement, en figure de proue avec, à la main, leur pagaie décorée de motifs vivement colorés. C'est très beau, surtout lorsqu'ils surgissent d'un méandre, derrière nous, dans le soleil.

Depuis hier, les rives sont bordées de « pris-pris » ou marécages constitués d'une inextricable végétation basse dominée par quelques arbres isolés, principalement des « bois-fourmis » et des « yayamadou ». Parfois, d'élégants pinots font la transition avec la forêt de terre ferme. Au bord de l'eau, les grappes jaunes de *Cassia alata* et les grosses inflorescences rouges des *Costus* ajoutent d'heureuses notes de couleur à la richesse des verts. Le site est splendide. On passe parfois sous les arches de verdure des arbres écroulés, on découvre toujours un peu plus à chaque méandre et l'on est aussi très anxieux de savoir quelle bonne ou mauvaise surprise peut cacher le prochain tournant. J'avoue qu'en regardant, à travers l'eau, les nombreux bois encore immergés et la faible profondeur de la crique où, par endroits, des bancs sableux commencent à émerger, je suis très inquiet et même sceptique au sujet du retour dans un mois et demi, alors en pleine saison sèche. Nous verrons bien… Pour l'instant, notre but, c'est…d'arriver !

Puis, au gré des virages, nous voyons apparaître et disparaître successivement une importante colline où l'on distingue des falaises rocheuses. J'essaie de suivre le parcours sur la carte et, après confirmation des Oyanas, il s'agit de Chiton Mongo. Un coup d'œil à la boussole m'indique que nous avons, en effet, pris la direction de l'ouest. Nous approchons ! La rivière est de plus en plus encaissée et le paysage magnifique. Un peu plus loin, c'est un énorme tronc qui barre la rivière mais, sur sa gauche, on pourrait envisager de le franchir dans une étroite passe. Il faut d'abord dégager les grosses branches cassées qui sont sous l'eau et, pour ce faire, Touini, Mano, Georges et Romule se livrent à un véritable ballet aquatique. Heureusement, l'eau est très fraîche et tempère l'ardeur du soleil. Elle est beaucoup plus claire que celle du Litani et nous la buvons sans crainte. Pour élargir le passage, les amérindiens creusent la terre de la rive à l'aide des pagaies. Enfin, dans un suprême effort commun, le premier canot passe, allégé par le dos tendu de Simon qui, debout sous l'eau, le pousse vers le haut, tandis que tous les autres, agrippés aux bordages, l'entraînent vers l'avant. On recommence l'opération avec le second canot.

Les troncs sont dégagés à l'aide des takaris par Touini et Mimisikou.

Quatorze heures...encore un tronc à couper ! Touini, toujours aux aguets, harponne en plein centre, avec son takari (longue perche), un magnifique aïmara qu'il traverse de part en part. Quelle incroyable habileté. Dans l'obscurité de la forêt, à trois mètres de nous, un caïman se repose sur la rive. Max veut absolument le capturer mais...trop tard, l'animal plonge brutalement. Plus loin, c'est un très gros iguane (1,68 m, très exactement !) qui se laisse tomber d'un arbre et disparaît sous l'eau. Aussitôt, un amérindien plonge à son tour et ressort avec la bête, empoignée des deux mains ! Un bon colombo en perspective ? Hélas non, car Max a décidé de le conserver vivant pour son vivarium et l'enfourne dans un sac qui va rejoindre, sur le côté du canot, ceux où sont déjà emprisonnés les autres reptiles.

Alouamali récupère un iguane qui avait plongé de sa branche pour s'échapper.

Je surveille avec une attention particulière celui qui contient le terrible « grage » capturé la veille. Quinze heures trente... Seize heures... La pluie se met à tomber avec violence et je m'enroule dans mon ciré. Des rochers importants, aux parois verticales et aux formes curieuses, émergent de l'eau comme une inquiétante apparition derrière le déluge qui noie le paysage. Nous manœuvrons habilement pour passer. La Ouarémapann est très encaissée ici et des nappes de brouillard se forment par endroits. Puis, les rochers se multiplient et obstruent complètement la rivière.

Ici se termine la navigation sur l'Ouarémapan.

Aucun espoir d'aller plus loin. Le tracé amérindien doit certainement partir de cet extraordinaire site sauvage et mystérieux. Hourrah ! Nous sommes arrivés. En effet, les Oyanas nous indiquent la vague trouée, dans la berge, d'où nous commencerons bientôt notre raid pédestre. La pluie redouble et la température fraîchit. Nous nous apprêtons à manœuvrer entre les rochers pour faire demi-tour et installer le camp un peu plus bas lorsque Max se retourne vers l'autre canot et s'écrie avec stupeur : « Comment ! Ils sont tous là ?... Il y avait pourtant quelqu'un dans la forêt !!!... Je suis sûr, il y avait quelqu'un.... Vite ! Avancez le canot ! » À contrecœur, Touini et Georges plantent la proue dans la berge au niveau de la piste amérindienne. Max débarque précipitamment sous le déluge, de l'eau jusqu'aux cuisses. Je suis très intrigué. Sur la rive, on enfonce de vingt centimètres dans le sable vaseux. Nous nous précipitons dans la forêt mais ne voyons rien, bien sûr, rien d'apparent du moins, dans cet extraordinaire fouillis végétal où les épiphytes et les lianes pullulent. Seules, de petites baguettes coupées et plantées dans la terre, témoignent d'un passage humain. Mais peut-être datent-elles de la précédente expédition qui est passée ici il y a un an… La pente est forte et une petite crique vient s'écouler ici. Je cherche vainement des empreintes fraîches dans le sable. Toujours sous la pluie, nous réintégrons les canots et installons le camp un peu plus bas. Le sous-bois est très dense et il faut encore couper de nombreux arbres qui s'écroulent avec d'horribles craquements dans une pluie de feuilles, en entraînant avec eux, par les lianes qui les recouvrent, d'autres plus petits. En dégageant les lieux, les amérindiens découvrent un grage qui va venir accroître la collection de petits sacs frétillants que Max suspend à la poutre du carbet.

À dix-neuf heures seulement, tout est fini et les canots sont déchargés, complètement cette fois…. Le « maïpouri » est au menu du dîner et je m'assoupis en pensant aux Oyaricoulets qui, peut-être, nous observent de loin…

Marche vers l'inconnu

Lundi 24 juillet

La journée est consacrée à nous organiser et à préparer les affaires que nous emporterons avec nous, à pied. Dans la matinée, le campement s'agrandit d'un carbet supplémentaire où l'on entasse tout ce qui doit rester au camp de base : caisses, cantines, surplus de matériel et de vivres, moteurs hors-bord, fûts d'essence et de pétrole… On entend tousser et cracher dans tous les coins. Même Jean-Pierre se réveille avec une gorge douloureuse. Quant à Claude, sérieusement grippé, il garde le hamac presque toute la journée. Par chance, je suis jusqu'à présent épargné. Vers dix heures, je fais tendre entre deux arbres la grande antenne de radio. C'est Mimisikou qui se propose pour grimper sur les troncs moussus et humides, en s'agrippant aux lianes, afin d'accrocher les extrémités de l'antenne à une hauteur respectable. Nous sommes bien récompensés de cet effort car, à midi et demi, la liaison radio avec Cayenne est absolument parfaite malgré les quatre cents kilomètres de collines et de forêt qui nous séparent. L'après-midi se passe à reconditionner les vivres dans des sacs portables et à faire un tri sévère de ce que nous emporterons. Max, assis sur une souche, barbe en avant et lunettes sur le nez, trie ses araignées avec un air de grand savant. Vêtu d'un short, il est tout de même plus décent ! Zeppina coupe les cheveux de Georges tandis que les deux Oyanas tressent des catouris-dos en feuilles de palmier. À dix-sept heures quinze, comme hier, avec une régularité d'horloge, c'est l'orage et la grosse averse. Les hommes achèvent la construction d'un énorme « boucan », sorte de table en rondins où sont étalés tous les morceaux du « maïpouri » et sous laquelle on allume un feu de braises. Le bois craque, la fumée bleue flotte entre les frondaisons et, parfois, se rabat sous la bâche du carbet. Mimisikou nous berce, avec sa flûte amérindienne, d'une litanie sur trois notes, grêle et monotone.

Georges chez le coiffeur.

Mardi 25 juillet

Il est neuf heures. Quel calme merveilleux ! Tous sont partis, ce matin, ouvrir le tracé, sans doute plus ou moins bouché, vers le point de trijonction des frontières et transporter des bagages à mi-chemin. On écoute le silence de la forêt, le clapotis de la rivière, le chant des oiseaux et le murmure des insectes. Le soleil brille. Max s'affaire tranquillement, Jean-Pierre est parti faire un tour de chasse, Claude et moi décidons de pousser une petite reconnaissance botanique un peu en amont et nous en profitons pour ouvrir un layon jusqu'au départ du chemin amérindien. La forêt est ici très broussailleuse et parsemée de gros rochers aux formes bizarres, érodés au cours des millénaires en crêtes verticales qui les fait ressembler à s'y méprendre aux contreforts d'arbres géants. La pierre et les branches sont recouvertes de mousses et de sélaginelles qui se développent à merveille dans l'humidité de ce vallon encaissé. Je donne de solides coups de sabre dans les paquets de lianes qui s'enchevêtrent. La récolte est assez bonne et nous consacrons le reste de la matinée et presque tout l'après-midi à mettre les échantillons sous-presse, alors que Max prépare un repas à base de riz à la tomate additionné de bananes rissolées. À midi et demi, le travail est interrompu par une longue liaison radio avec Cayenne, moins bonne que celle d'hier mais très correcte malgré tout. Ce n'est que vers seize heures que l'équipe est de retour et, presque aussitôt, le camp s'anime de bavardages tonitruants et de rires joyeux qu'active la petite tournée de tafia (rhum blanc), bien méritée car, à en croire ce que nous entendons, le terrain est très difficile, accidenté, avec de fortes pentes.

À dix-sept heures, Max, qui a remis son « minimum », s'entraîne au milieu des rires et des exclamations, à lancer le poignard sur une grosse souche où repose le thermomètre-hygromètre enregistreur. Ce qui devait arriver arrive : le projectile passe au-dessus de la souche et se plante dans le boitier en plastique de l'appareil. Par bonheur, aucun organe vital n'est touché ! Je termine ma journée par une incontournable toilette à l'extrémité du canot. Pour la troisième fois depuis le départ, je me rase alors que mes compagnons, qui ont décidé d'attendre Maripasoula pour le faire, commencent à prendre l'allure de clochards ! La nuit tombe et les batraciens, au bord de l'eau, font entendre leurs coassements graves et sonores….

Mercredi 26 juillet

À six heures trente, le camp s'active déjà : une dure journée commence ! On tresse des catouris-dos supplémentaires en feuilles de palmiers. Sur ceux qui sont déjà faits, on entasse des monceaux de colis maintenus par des ficelles. Sous les marmites, les réchauds

Petromax crachent leur flamme bruyante. Il y a tant de bagages, en comptant les vivres pour quinze personnes pendant un mois et demi, que nous avons dû décider de faire entreprendre un troisième voyage entre le camp de base et le suivant. Aujourd'hui, avec Claude et Jean-Pierre, je ferai partie du second tandis que Max restera ici jusqu'à demain et quittera le camp avec la dernière « fournée » Huit heures trente… La pente est très raide et le sol argileux fort glissant. Cela dure déjà depuis une demi-heure et nous peinons sérieusement avec les lourdes charges qui écrasent nos dos. Derrière, on entend souffler les Bonis qui nous rattrapent et nous doublent, la sueur perlant sur leur front où vient s'appuyer une lanière du catouri en écorce de « mahot ». Jean-Pierre n'en peut plus tant il est chargé : sac à dos énorme, sac de voyage avec matériel de cinéma, fusil en bandoulière, cartouches et fioles à la ceinture…. Devant l'impossibilité de continuer dans ces conditions, il abandonne le « sac cinéma » qui sera ramené au camp de base. Un essai de liaison par talkie-walkie avec Max, qui s'y trouve, s'avère concluant étant donné la faible distance, encore, qui nous sépare.

Confection de catouri en palmes pour le portage du matériel.

Au bord du layon, un énorme rocher forme une falaise qui nous domine. Comme ceux que nous avions vus hier, le granite est érodé en crêtes verticales. Cette ascension de l'Icholi Epoyann est vraiment interminable et très pénible. Une heure après le départ, nous atteignons enfin le sommet qui s'étale et forme un plateau où la forêt s'épanouit plus facilement que sur la pente à quarante-cinq degrés que nous venons de gravir. Nous retrouvons là toute l'équipe qui a posé les catouris et fait une petite halte. Je jette un coup d'œil au gros altimètre en laiton qui pend à ma ceinture : trois cent soixante mètres. Un peu plus loin, on se croirait dans les vaux de Cernay : Sur un sol où le rocher affleure presque partout, la forêt prend l'allure d'un léger boqueteau d'arbres grêles et disséminés abritant un épais tapis de sélaginelles, vert tendre comme un gazon printanier. La pente est douce et, derrière les petits arbres, on distingue bien les collines avoisinantes. D'un coup de fusil, Didier tue un grage. Le second sommet d'Icholy Epoyann culmine à quatre cents mètres et l'on y découvre un beau point de vue sur la vallée de la crique Ouarémapann, profondément encaissée et derrière laquelle les montagnes présentent, par endroits, des plaques de roche nue.

Puis, commence une longue descente. Un délicieux parfum de fleurs flotte dans le sous-bois. Le grondement sourd des chutes de la Ouarémapann se concrétise petit à petit, jusqu'à devenir tout proche lorsque nous atteignons le bas de la pente. Il est midi. Nous profitons de cette halte « casse-croûte » pour faire une reconnaissance jusqu'à la cascade qui, je l'avoue, n'a rien d'extraordinaire en soi mais, dans le contexte guyanais, représente quelque chose de tout à fait exceptionnel. L'eau, écumeuse et blanche, se précipite en cataracte sur les rochers, derrière les arbustes et les fougères éclaboussés en permanence. Les photos sont d'ailleurs bien difficiles car l'objectif est instantanément recouvert de gouttelettes. Une heure plus tard, il faut à nouveau endosser nos charges et repartir. Ce sont encore des montagnes aux pentes glaiseuses et abruptes suivies, à chaque fois, de marécages où l'on enfonce dans l'eau et la boue jusqu'à mi mollet entre les touffes de grands et élégants pinots aux troncs élancés. On sue, on souffle, on jure, on trébuche… Depuis longtemps, nous sommes bons derniers. Heureusement, je peux profiter du beau temps pour prendre des notes et faire des photos tout au long du chemin. Quatorze heures trente : voici les gars qui reviennent en trottant, légers comme des plumes maintenant ; ils réintègrent le camp de base pour une dernière fois. Nous leur disons : « À demain, bon courage ! » Seuls Didier et les deux Oyanas resteront avec nous cette nuit. Quinze heures trente : dernière ascension, dernière descente… Le camp promis semble un mirage… Toujours rien ? Si ! J'aperçois enfin derrière les frondaisons un petit carbet rustique couvert de feuilles de palmiers… Ouf !

Jeudi 27 juillet

Il est vingt heures au bord de la crique Koulé-Koulé. Il fait nuit et chacun, déjà, est dans son hamac. La lampe à gaz chuinte, la forêt murmure, on distingue au loin le feulement aigu d'un « tigre » (jaguar), comme une triste complainte, répétée à intervalles réguliers. Des bavardages sourds s'élèvent des cinq carbets tri-places couverts de feuilles de pinot, qui ont été construits pour abriter tout le monde : un vrai petit village ! Un amérindien chantonne une longue mélopée. Max et Jean-Pierre sont en train de mesurer et de fixer au formol un couple de petits marsupiaux trop curieux, venus visiter les fonds d'assiettes.

La journée fut calme et nous en avons profité pour faire des récoltes aux environs du camp pendant que Didier, Alouamali et Mimisikou continuaient d'ouvrir un layon vers le point de tri-jonction. Le « gros » de l'équipe, portant le reste des affaires, nous a rejoints dans l'après-midi. Les hommes étaient plutôt harassés et contrariés par le comportement de Max qui, peu habitué à ce genre de sport et pris d'étourdissements au sommet d'Icholi Epoyann, a dû abandonner sur leurs catouris tout le contenu de son sac à dos. Nous sommes de plus en plus effrayés par le travail que représente le portage d'une telle quantité d'affaires : un quatrième voyage sera nécessaire jusqu'au camp de base de la Ouarémapann pour apporter du pétrole et du papier à herbier supplémentaire. Comme il n'est pas pensable d'envisager autant de va-et-vient répétés entre chaque camp dans les délais prévus, il faudra sans doute faire une sélection encore plus sévère des choses indispensables et réduire la distance à prospecter en supprimant les deux dernières étapes. La situation est donc critique et il paraît impossible de tout concilier : le travail, la rentabilité, le repos des hommes et leur bonne humeur, la date impérative du dix septembre pour le retour à Cayenne de Claude et Jean-Pierre qui ont retenu leurs places pour Paris dans le Boeing du douze. J'envisage de plus en plus la prolongation de cette mission pour moi et une partie de l'équipe… Mais nous verrons bien, au fur et à mesure, comment se dérouleront les événements.

Vendredi 28 juillet

Accroupis en cercle autour du chaudron, à la lueur de la lampe à pétrole, Mimisikou et Alouamali (en calimbé rouge), Didier, Claude, Jean-Pierre et moi grignotons en chœur les morceaux coriaces du macaque tué ce matin. Nous sommes maintenant dans les Tumuc-Humac, au bord de la crique Koulimapopane que nous avons atteinte au début de l'après-midi, après quatre ou cinq heures de marche depuis la crique Koulé-Koulé. Les bonis et les créoles qui ont aidé au portage sont retournés pour la nuit au camp précédent où Max a passé la journée. L'étape n'a pas été longue ni trop dure et, quoi qu'il en soit, je me sens en pleine forme et prêt à affronter le programme prévu jusqu'en septembre. Mais quel terrible isolement : la région est totalement vide d'hommes, aucun avion ne nous a survolés et chaque jour nous éloigne un peu plus. Il faudrait dix jours, au mieux, pour regagner Maripasoula. Je n'ose imaginer les difficultés que nous aurions s'il y avait une jambe cassée ou même une simple foulure, alors que nous avons absolument besoin de nos jambes et d'une grande résistance pour parcourir ce terrain si difficile.

Nous mangeons silencieusement l'éternel riz collant arrosé de jus de macaque…que l'on fait vite passer avec un bol d'eau puisé dans une marmite. Autour de nous, c'est l'obscurité insondable de tous côtés derrière les premières branches et les feuillages qui prennent un aspect étrange et factice à la lueur de notre lumignon. Il fait bon et même frais et l'air est beaucoup plus sec qu'au bord des pinotières (forêts marécageuses à palmiers pinots) de la crique Koulé-Koulé où nous avions passé les deux nuits précédentes. Le rhume que j'avais réussi à attraper, comme tout le monde, depuis la crique Ouarémapann, est en bonne voie de guérison, enrayé d'abord par un bon grog, puis par des doses massives de vitamine C. L'ami Claude, par contre, continue de se moucher dans tous les coins, ainsi que les bonis et les amérindiens.

Derrière nous, le Kassabatiki, sur lequel nous sommes passés cet après-midi, culmine à....quatre cent trente mètres. Pour nous, guyanais, c'est déjà presque de la « haute montagne » ! La forêt, xérophile et broussailleuse, traversée sur ce sommet, nous a d'ailleurs paru bien intéressante et sensiblement différente de celle des pentes et des vallons mais le lourd chargement et la fatigue n'engage guère à faire des récoltes botaniques pendant les journées de portage : à chaque voyage, le sac me scie les épaules et me meurtrit le bas du dos, déjà sensibilisé par le portage de la veille. Pourtant, il n'y a pas grand-chose dans mon sac : tous les vêtements et chaussettes de rechange, deux appareils photo et leurs accessoires, avec un flash, un ciré et un suroît, un bidon de couac pour le voyage, le nécessaire de toilette, ma gourde, une gamelle et des couverts, la boussole, quelques boîtes de conserves, un sabre d'abattis et mes sandales en plastique. À chaque fois, cela me semble terriblement lourd mais je me console en pensant aux hommes de notre équipe qui endurent des charges trois fois supérieures sous lesquelles ils soufflent comme des veaux en martelant le sol de leur pas rapide.

Vingt et une heures... Nous sommes couchés. Mimisikou vient se plaindre d'une dent qui le fait beaucoup souffrir mais je suis très embarrassé car la pharmacie est encore au camp de la Koulé-Koulé. Je finis quand même par m'extirper du hamac et, en désespoir de cause, je fouille dans ma trousse de toilette. L'idée me vient de lui donner un de mes somnifères et quelques gouttes de Dilexan prévu pour....les ulcères gastriques (!) mais dont l'effet analgésique doit pouvoir le calmer un peu. Enfin, je fais bouillir de l'eau salée pour laver la bouche et décongestionner les gencives. Quelques minutes plus tard, un ronflement sonore me rassure…

Samedi 29 juillet

Tout autour, la forêt que l'on domine offre une riche variété de verts, des plus tendres et printaniers aux plus sombres, austères et profonds. Les cimes sont arrondies ou plates, les feuillages brillants ou mats, légers ou compacts. Derrière nous, d'assez hautes collines limitent l'horizon mais, devant nous, le panorama est magnifique : les Tumuc-Humac surinamiens se profilent, formant une succession de dômes, de croupes, de pitons aux teintes vert bleuté. Le massif de loin le plus important, le Paloulouimenpeu dresse ses sept cent sept mètres au centre de ce paysage grandiose que parcourent lentement les ombres des cumulus. À nos pieds, les larges feuilles des « bois-canons » rappellent que nous ne sommes ni dans les Maures ni dans l'Esterel…mais perchés au sommet d'une tour métallique de trente mètres qui marque le point de trijonction des frontières. Claude et Jean-Pierre étant avec moi, il est facile, en se répartissant dans les coins de l'étroite plateforme, d'imaginer que l'un est au Brésil, l'autre au Suriname et le troisième en Guyane. Pour les personnes sensibles au vertige, il y a un solide garde-fou et l'ouverture pratiquée à l'arrivée de l'échelle est fermée par deux chaînes métalliques à crochets, semblables à celles des plateformes des vieux autobus parisiens ! Bien qu'il soit près de midi et que le soleil brille, il ne fait pas trop chaud. Après avoir consciencieusement « mitraillé » au téléobjectif et au grand-angle, en couleur et en noir et blanc, la totalité du panorama, nous redescendons, heureux d'avoir profité de ce perchoir, en nous agrippant prudemment tout au long de l'échelle métallique fixée contre la tour.

Koulimapopann. Du haut de la tour au point de trijonction.

Pourquoi cette tour construite, parait-il, par les surinamiens le trois août mille neuf cent soixante-cinq d'après l'inscription gravée sur le piquet de bois qui se trouve en dessous, et dont les français ignoraient l'existence jusqu'à l'année dernière ? Comment a-t-elle été construite ? Certainement avec l'aide d'un hélicoptère pour le transport des matériaux et des ouvriers, comme en témoigne l'abatis qui a dû servir de zone de poser et qui est, maintenant, recouvert d'une épaisse brousse de bambous, d'herbes coupantes et de bois-canons, au travers de laquelle nous avons eu le plus grand mal à percer un chemin. Nous décidons ensuite de pousser la reconnaissance plus avant sur le chemin amérindien qui descend vers le Jari, affluent de l'Amazone. Nous sommes maintenant en territoire brésilien ! Les récoltes d'échantillons et l'ouverture du layon prenant beaucoup de temps, nous arrêtons la promenade au pied du versant sud du Koulimapopane, au sommet duquel se dresse la tour. Un filet d'eau s'écoule lentement sur un lit de boue. Il y a là des empreintes de gros animaux, mais lesquels ? Nous cherchons vainement, dans la vase, la trace des pieds et des orteils d'un Oyaricoulet… Il n'y a rien qui ressemble à cela !

Le Paloulouméenpeu, vu du haut de la tour de trijonction.

Au fil des jours, de plus en plus hirsutes et crasseux, nous avons tout l'air d'aventuriers égarés, voire de clochards ! C'est notre ami Claude qui détient la palme : avec un horrible pantalon tiré au-dessus du ventre, une chemise marron complètement en loques et dont la manche gauche, presque détachée, encore maintenue par une épingle double, laisse largement apparaître son bras rose, une petite casquette publicitaire ELF sur le crâne, pas rasé depuis trois semaines, furetant d'une démarche titubante entre les buissons à la recherche de quelques fleurs…il mérite la photo ! Vers quatorze heures, nous rebroussons chemin, les mains chargées d'échantillons que nous mettons sous-presse en passant au pied de la tour. Pour redescendre au camp, il n'y en a que pour un quart d'heure et nous avons la surprise de découvrir trois carbets supplémentaires sur la rive droite de la crique (les nôtres étant sur la rive gauche, s'il vous plait !). Ce sont Burgot, Georges, Romule, Zeppina, Mano, Touini, Simon et Pinel qui, de retour de la crique Koulé-Koulé, ont préféré s'installer là où subsistaient les restes d'un ancien camp. Georges a trouvé quelques lianes franches et entame la fabrication d'un catouri-dos supplémentaire pour les transports des prochains jours.

Ce soir, si ce n'était le macaque que nous avons encore au fond de nos gamelles, on se croirait presque dans une guinguette des bords de Marne ou dans un bistrot champêtre de Robinson : assis sur un banc rustique construit par Didier, nous mangeons sur une solide table en rondins, non moins rustique mais très commode, éclairés par le butagaz suspendu comme un lampion à l'arbre voisin. Au-dessus, dans le faisceau de lumière, se profile un beau philodendron, très décoratif, que l'on croirait presque en plastique. Pour ajouter à cet air de fête, Max a tendu, comme une guirlande, entre le lampion et le coin du carbet, les dentelles et les pompons qu'il a détachés du bord de son hamac.

Vingt heures trente, tout le monde est couché... La fraîcheur nocturne tombe sur le camp. On perçoit, au loin, le concert des singes hurleurs auquel se mêlent les « aboiements » de quelques batraciens à la voix rauque et sonore.

Dimanche 30 juillet

Ce matin, c'est dimanche mais je suis quand même réveillé à sept heures. Comme hier et avant-hier, il fait très frais tôt le matin et un coup d'œil au thermomètre me permet de constater qu'il n'y a, en effet, que dix-huit à dix-neuf degrés. Pour nous, la journée commence comme une autre. Il faut faire bouillir de l'eau, récupérer la « bombe » métallique où sont groupés les ingrédients du petit déjeuner et commencer par avaler quelque chose de chaud. Il fait toujours un temps radieux et nous n'avons pas eu une goutte de pluie depuis trois jours. J'en profite pour faire un peu de lavage (j'ai trouvé mes chaussettes bourrées...d'œufs de mouche !). Pour descendre au ruisseau, toujours profondément encaissé au bas d'une pente argileuse et piétinée, c'est de l'acrobatie !

Et puis, je décide d'aller faire quelques récoltes sur le Kassabatiki. Seul, c'est merveilleux, c'est le calme : on voit tout, on entend tout, les chants d'oiseaux, les ébats des singes. Depuis longtemps, j'ai dépassé Georges qui, fusil en bandoulière, furetait à la recherche de « lianes franches », matière première qui lui sert à tresser des « catouris-dos ». Je monte lentement, à mon rythme, écoutant craquer les feuilles sèches sous mes Pataugas, balayant des yeux le fouillis vert où brillent les taches de soleil, à la recherche de quelque fleur ou fruit, d'une photo à faire, d'une espèce rare. L'air n'est ni trop chaud ni trop humide et je ne transpire même pas, poursuivant mon chemin jusqu'au bout du plateau là où, l'autre jour, nous avions trouvé un long serpent qui a fait le bonheur de Jean-Pierre. Ce n'est qu'à treize heures que la faim me fait réintégrer le camp avec un sac bourré de plantes...de quoi bien occuper l'après-midi.

Claude et Jean-Pierre préfèrent tirer une longue flemme dans leurs hamacs et semblent vraiment s'ennuyer mortellement. Tant de choses passionnantes, pourtant, nous entourent... Les deux amérindiens, depuis hier, tressent d'élégants catouris en vannerie d'arouman sur lesquels, peu à peu, apparaissent de jolis motifs géométriques. Ils sont le point de mire des caméras et des appareils photographiques. Et puis, petit à petit, la nuit tombe. Je viens juste d'allumer le four à pétrole pour faire sécher les échantillons d'herbier de la journée. De l'autre côté de la crique Koulimapopane, retentit le rire désopilant de Romule au milieu des bavardages tonitruants des Bonis. Demain, pendant que Burgot et son équipe commenceront à percer le layon de quinze kilomètres vers le Mitaraka, nous irons jusqu'au Témomaïrem qui se trouve au Brésil, le long du tracé qui conduit au Mapaoni.

Lundi 31 juillet

Vingt-deux heures.... Assis à la table rustique comme devant un confortable bureau, éclairé par le « Camping-gaz » suspendu à l'arbre voisin qui donne, une fois de plus, au paysage, un air de décor de théâtre, je mets au propre les notes de la journée. La fraîcheur humide de la nuit commence à se faire sentir. Je me hâte et aspire à la tiédeur du sac de couchage. Depuis longtemps, le camp est silencieux et tout le monde dort car nous avons plus de dix kilomètres dans les jambes mais cette magnifique ascension en valait la peine. Je ne regrette qu'une chose, c'est de ne pas avoir eu plus de temps à consacrer sur place aux récoltes, à l'étude du site, aux croquis, aux photos. Le trajet « aller » a déjà pris au moins quatre heures au cours desquelles il nous a fallu monter et redescendre toute une série de hauteurs dont le Kounoïchipan est la dernière. Bien sûr, entre chaque colline, le bain de pieds de boue et d'eau sale fut de rigueur car…il n'y a toujours pas de ponts pour franchir les criques ! Cela ne serait pas bien gênant si ce n'était le fait de traîner ensuite, toute la journée, des Pataugas plein d'eau. Nous étions vers onze heures trente dans la brousse dense qui précède la savane-roche puis, après une série de bons coups de sabre, nous débouchions sur le rocher nu : de grandes étendues de granite noirâtre et altéré se délitant en plaques, interrompues par des tapis de graminées, de broméliacées et de végétation basse descendant en pente douce vers la forêt. Derrière la pente dénudée, des arbres couverts de magnifiques fleurs jaunes et des papilionacées lianescentes aux fleurs violettes se profilaient sur un fond de montagnes bleutées. Nous avions encore perdu Max qui n'avait pas su retrouver la trace du layon et que Didier a dû aller chercher. À gauche de la savane-roche sur le sommet de laquelle nous avons pu voir la borne en ciment posée en mille neuf cent trente-cinq par le Capitaine Richard, il y a une sorte d'énorme dalle de granite couverte de bosquets et coupée de profondes crevasses qu'il nous a fallu franchir en sautant. Sur le versant est, la dalle forme un impressionnant surplomb. Au bord, elle est couverte de *Xiphidium* à fruits rouges et de Gesnériacées à fleurs orange vif. Au loin, dans les trouées des feuillages, nous pouvions apercevoir la silhouette élevée et massive du Mitaraka, à quinze kilomètres de là, qui est notre prochain objectif ! Hélas, à quatorze heures, nous devions quitter ces lieux merveilleux après avoir fait une récolte de plantes tout à fait passionnante, tandis que Max achevait d'impressionner ses pellicules. De retour au camp, nous étions tous très fatigués, Max en particulier qui, ayant déjà eu une première alerte cardiaque à l'ascension de l'Icholi Epoyann il y a quatre jours, s'est affalé, épuisé, dans son hamac où il s'est endormi aussitôt.

Chaos de roches en sous-bois.

Mardi 1er août

Nous nous préparons aujourd'hui pour une longue marche jusqu'au Paloulouimenpeu qui dresse ses sept cents mètres sur la frontière entre le Brésil et le Suriname. Comme nous avons prévu d'y rester trois jours, il faut préparer un minimum de victuailles et emballer nos couchages. Toutes ces opérations durent deux bonnes heures, petit déjeuner compris et ce n'est qu'à huit heures trente que nous démarrons, laissant Max au camp puisqu'il viendra nous rejoindre demain avec Pinel. Au début, le chemin nous est maintenant familier puisque c'est le même qu'hier. Puis, arrivés au sommet du Kouaïpan, Didier entame l'ouverture d'un layon vers l'ouest, en...terrain vierge. La seule chose que nous savons, c'est que nous sommes au Brésil. Heureusement, la carte au 1/50 000e établie à partir des photographies aériennes permet de suivre notre itinéraire avec une précision suffisante.

Dix heures... Le ciel gris de ce matin fait place à un beau soleil qui perce entre les feuillages. Nous marchons doucement, faisant de nombreuses haltes prolongées afin de laisser à Didier le temps d'ouvrir le chemin au sabre. Mimisikou et Alouamali, qui nous accompagnent avec les catouris chargés de leurs hamacs, du papier à herbier et des victuailles, se reposent avec nous pendant les arrêts, bavardent et rient beaucoup. Ils sont très taquins et prennent un malin plaisir à déformer nos noms. C'est ainsi que Max Brandily est devenu « Monsieur Pantouri », Claude Sastre est appelé « Monsieur Sexe » tandis que Jean-Pierre répond au nom de « Champion ». Quant à moi, je suis devenu.... « Monsieur Corned-Beef » ! L'ambiance est très gaie !

Didier, gourmand et bon cuisinier (son embonpoint est tout à son honneur !), dès qu'il aperçoit ou entend un gibier, évoque aussitôt la façon dont il pourrait être préparé, en soupe, en fricassée avec sauce tomate, rôti ou grillé dans l'huile. Ses constantes préoccupations culinaires nous amusent beaucoup et aussi nous mettent parfois l'eau à la bouche. La faim commence d'ailleurs à se faire sentir et c'est avec plaisir que nous grignotons quelques morceaux d'agami rôti...préparé par Didier naturellement. L'eau des gourdes s'épuise...

Vers le début de l'après-midi, nous amorçons une descente. Le sac avec les trois appareils photo et le matériel de couchage me pèse beaucoup. Au loin, derrière les arbres, nous distinguons par moment le mystérieux Paloulouimenpeu qui paraît toujours s'éloigner au fur et à mesure que l'on avance. La forêt est maintenant très dense, très « sale » comme on dit ici, avec des bambous, des herbes, des lianes, des bois tombés et la progression est plus lente. Puis, voici une crique qui coule vers la droite. Elle est suivie de toute une zone marécageuse, obscure et truffée de pinots, où nous avons bien du mal à avancer, enfonçant jusqu'aux chevilles, par endroits, dans une boue noire et collante, essayant d'éviter les ruisseaux, en équilibre sur des troncs couchés et glissants, trébuchant dans les amas de racines aériennes qui forment un réseau au-dessus de la vase. Une demi-heure plus tard, nous sortons enfin de ce bas-fond et entamons une nouvelle ascension qui, d'après la carte, représente le premier épaulement du Paloulouimenpeu. Didier et les deux amérindiens sont loin devant nous maintenant et nous sommes à l'affût des biseaux clairs des petits bois coupés et des feuilles de palmier « mourou-mourou » retournées (bien visibles car blanches en dessous), afin de ne pas perdre la piste qui est très peu marquée. De plus, l'obscurité commence à envahir la grande forêt. Enfin arrivés au sommet de la côte, nous retrouvons nos hommes. Didier m'annonce que la montagne n'est plus très loin mais que, dans le vallon suivant, il n'y a pas d'eau et qu'il faut donc rebrousser chemin pour installer le camp…dans le marécage d'où nous sortons ! Cette perspective ne nous réjouit pas du tout car nous aurons encore deux bons kilomètres, à vol d'oiseau, pour atteindre le Paloulouimenpeu.

Dix-sept heures… La nuit tombe. Nous avons tendu nos hamacs dans la « pinotière », à côté de la crique. Point n'est besoin de construire de carbets, les risques de pluie étant très réduits. C'est une vie de plus en plus primitive car nous n'avons emporté avec nous que le strict minimum. Il n'y a ni bâche, ni nécessaire de toilette, aucun vêtement de rechange et pas d'éclairage à l'exception d'une petite lampe à pétrole. De l'eau chauffe dans une petite cocotte en aluminium, sur un feu de bois allumé par les Oyanas. Assis par terre, nous mangeons du couac additionné d'eau de rivière et, luxe suprême, d'un peu de corned-beef. C'est fade ! Un peu plus loin, Claude s'ébroue dans la crique. Tout à coup, retentit une série de rugissement rauques, tout proches, qui résonnent dans les frondaisons. C'est une troupe de singes hurleurs. De temps à autre, on entend le grincement, évoquant une tronçonneuse lointaine, du « Yapo-grand-bois » ou « Zozo-mon-père ». En bruit de fond, une lointaine cascade dans la vallée, à droite, vers le Suriname, mêle son grondement au coassement des grenouilles et au « gazouillis » des insectes.

Tandis que nous mangeons tranquillement, Didier et les amérindiens m'avouent avoir vu, au sommet de la côte que nous avions gravie pour rien tout à l'heure, un chemin fait par les mystérieux Oyaricoulets qui part d'un profond vallon vers la gauche, longe l'épaulement à la base duquel nous sommes et se dirige tout droit sur le Paloulouimenpeu. C'est un tracé bien visible, marqué par de petits bois cassés… Voilà un fait nouveau ! Peut-être cette montagne est-elle le « quartier général » des Oyaricoulets ! Je m'empresse alors de questionner les Oyanas à ce sujet mais ni eux ni personne de leur ethnie n'y sont jamais montés à ce qu'il paraît. C'est l'inconnue totale… Nous verrons bien demain !

Il est vingt heures trente… Je m'endors un peu à l'affût des craquements et bruits insolites qui ne manquent pas dans la forêt. Auprès des cinq hamacs tendus entre les arbres, brille la petite lampe à pétrole…

Les Tumuc Humac

Mercredi 2 août

Réveillé à six heures, je donne le ton en me levant bruyamment car les hamacs de mes compagnons sont encore immobiles et émettent quelques ronflements. Le jour pointe et le brouillard stagne sur la « pinotière » où nous campons. Les singes hurleurs ont entamé un grand concert matinal. Didier n'a dormi que d'un œil, peu rassuré, sans doute, par la présence des Oyaricoulets dans la région et par ces lieux pas très hospitaliers. Chacun finit par s'extirper de la couverture chaude et sèche pour plonger les pieds dans les Pataugas trempés et sales. Les Oyanas allument du feu et font chauffer de l'eau. En allant m'isoler, je découvre, à dix mètres de nos hamacs, de profondes empreintes dans la vase : ce sont celles d'un « maïpouri » qui est venu nous rendre visite cette nuit ! Il nous faut partir tôt pour atteindre la montagne aujourd'hui et en revenir avant la nuit. Claude, Jean-Pierre et moi décidons d'emporter nos hamacs jusqu'au pied du Paloulouimenpeu afin de gagner du temps et d'avoir moins de chemin à faire ce soir. Didier et les deux amérindiens préfèrent laisser ici leurs couchages car ils semblent redouter la proximité de la montagne...« infestée de tigres », paraît-il ! Avant de quitter les lieux, je laisse pour Max, qui doit nous rejoindre aujourd'hui, un mot coincé dans une entaille sur un tronc de pinot.

Huit heures... Nous marchons maintenant depuis une heure, quelque peu écrasés par nos charges dont les hamacs, moustiquaires et couvertures sont responsables d'une bonne moitié du poids. Outre le matériel photo, il n'y a pourtant dans les sacs que le strict nécessaire : une boîte de pâté, un peu de couac, une gourde et les carnets de travail. Didier ouvre le layon au sabre, comme hier, avec Alouamali, tandis que Mimisikou porte, sur son catouri, la presse et le papier à herbier.

Neuf heures… Arrivés sur la crête, toujours recouverte de forêt, nous avons trouvé le chemin des Oyaricoulets que nous suivons depuis quelque temps. Son tracé, assez visible, témoigne de passages fréquents : les feuilles mortes sont piétinées et les jeunes arbres cassés à la main. D'après nos amérindiens, le dernier passage peut dater d'une semaine. Quant à Didier, il me dit : *« La montagne, là, c'est sa maison »*…C'est pourquoi le tracé doit y conduire tout droit !

Neuf heures trente… Nous franchissons une dernière crique avant d'aborder l'ascension. Jean-Pierre et moi laissons nos couchages ici, protégés par des sacs étanches. Claude l'a abandonné un peu plus haut, il y a dix minutes, las de sa lourde charge. Souhaitons que ces curieux paquets n'éveillent pas la curiosité des Oyaricoulets s'il en vient à passer par ici… Les amérindiens nous disent : *« - C'est pas bon pour dormir là… » ; « - Pourquoi ? » ; « - C'est trop près de la montagne » ; « - Et alors, pourquoi c'est trop près ? » ; « - Il y a des tigres !»*. Cette explication ne me convainc pas car, en Guyane, on ne redoute pas tellement le jaguar et, de toutes manières, il n'y en a certainement pas plus au pied de la montagne qu'ailleurs… La forêt continue, sur une pente douce…. Encore un bas-fond, puis un autre, sans eau celui-là !

À onze heures, la forêt haute s'arrête brutalement et nous arrivons au pied d'une pente rocheuse à quarante-cinq degrés au moins, couverte d'une végétation très broussailleuse qui ne dépasse pas trois mètres de haut. Il faut s'agripper aux plantes, se hisser tant bien que mal. La progression est pénible et le soleil darde ses rayons sans pitié. À notre droite, on découvre maintenant une falaise de granite érodé de deux cents mètres de haut qui domine l'océan vert de la forêt. Elle termine brutalement, sur la face nord, le sommet du Paloulouimenpeu. Je m'agrippe aux herbes : elles me coupent les doigts. J'empoigne des racines à moitié pourries : d'agressives fourmis en sortent et me piquent comme des guêpes. Dans les broussailles, au milieu des hautes herbes, apparaissent quelques gentianes à fleurs bleues. C'est très beau ! J'arrive au pied d'un petit surplomb de deux mètres qu'il m'est impossible de gravir sans l'aide de Didier qui me tire par les mains. Il n'y a pas moyen de passer ailleurs : à gauche, c'est la brousse impénétrable, à droite une dalle de granite mouillée, en forte pente. Nous traversons maintenant une forêt basse et broussailleuse où il n'est plus besoin de faire d'escalade. L'endroit est idéal pour mettre les récoltes sous presse. Claude, qui a trouvé une plante très intéressante, l'admire à quatre pattes, chemise complètement en lambeaux et visière de la casquette ELF relevée. Plus haut, la forêt devient belle et s'étale sur un plateau culminant à six cents mètres. De là, on ne voit plus le sommet mais nous voilà bientôt de nouveau au pied de pentes et de parois rocheuses extrêmement abruptes. J'ai perdu de vue Claude et Jean-Pierre, essayant de suivre les deux amérindiens, précédés de Didier qui ouvre le chemin. Pendant une demi-heure, il faut escalader en s'agrippant aux herbes, aux racines et...aux ananas sauvages couverts d'épines qui envahissent complètement certains endroits. Mes bras sont lacérés et je sue à grosses gouttes en me hissant avec le sac à dos. Au fur et à mesure que nous nous élevons, le panorama devient grandiose. Le précipice se creuse derrière un premier plan de gentianes bleues. Hélas, la gourde est vide depuis longtemps déjà et il fait très chaud. La sueur pique la peau sur les égratignures et mes mains sont constellées d'épines d'ananas... Je suis couvert de saletés, de terre, de mousses jusque dans les cheveux. À cette pénible escalade, suit une marche difficile dans une forêt rabougrie qui couronne le premier sommet. Là, les branches cinglent le visage et l'on trébuche à chaque pas. La visibilité est nulle. Arrivés à l'extrémité de cet éperon, nous apercevons, dans une trouée, le second sommet, plus dégagé, qui se dresse comme un pain de sucre. Pour l'atteindre, il nous faut redescendre et remonter quelques dizaines de mètres. Enfin, nous voici à sept cents mètres, dans une savane haute et dense dont les irrégularités de la roche sont complètement masquées par les herbes. Parmi celles-ci, se dressent des gentianes bleues en quantité, des fleurs blanches d'Apocynacées, des grappes pourpres d'orchidées. Le point de vue est extraordinaire, à cinquante kilomètres à la ronde.

Le sommet du Paloulouméenpeu.

On domine la forêt et l'ensemble des Tumuc-Humac avec leurs pics, leurs dômes, leurs savanes-roches qui forment autant de points remarquables. Le Mitaraka apparaît très nettement avec ses deux grands sommets. Derrière lui, on distingue clairement, dix kilomètres plus loin, la silhouette en pain de sucre du Toukouchipann et puis bien d'autres montagnes, plus loin encore. C'est magnifique. Le ciel est parfaitement dégagé et, sous le soleil, brillent les feuilles des *Clusia* qui ombragent la savane de part en part. Tout autour de cette plateforme, c'est un à-pic vertigineux. Au bord, souffle un bon vent frais mais, au milieu des hautes herbes, on étouffe. Je suis harassé. J'ai atrocement faim et soif et, après avoir étalé les plantes, j'avale goulûment ma boîte de thon aux aromates. Claude et Jean-Pierre ne sont toujours pas là. Ils ont dû abandonner en route.... Je ne vois, sur ce sommet, aucun vestige humain, ni la moindre trace de passage des Oyaricoulets, ni même un point coté : je pense que nous venons de faire une « grande première » !

Vue sur les Tumuc Humac à partir du Palouloumééenpeu.

Aidé par Alouamali, je mets rapidement les plantes sous presse tandis que Didier étudie, du haut de ce magnifique observatoire, un itinéraire de retour plus adéquat. Il est déjà plus de seize heures et nous devons rentrer dare-dare. Je suis complètement déshydraté, bien fatigué et un peu découragé à l'idée de refaire les mêmes exercices en sens inverse. La descente est très pénible. En passant sur la forte pente aux ananas sauvages, Didier récupère son fusil et son sac-côté. Nous ne voyons toujours aucune trace de Claude et de Jean-Pierre. M'inquiétant de leur sort, je questionne Didier qui me répond avec assurance qu'ils sont repartis vers le camp car….les petites herbes et les sélaginelles sont penchées dans le sens du retour ! L'école de la brousse est riche en enseignements ! En traversant la forêt, les amérindiens trouvent des « lianes-chasseurs » ou « lianes rouges », réputées pour l'abondance et la qualité de l'eau qu'elles contiennent. Didier, de deux coups de sabre, m'en sectionne un fragment de plus d'un mètre de long. Aussitôt, l'eau s'écoule à la partie inférieure et, comme je suis épuisé, je m'allonge sur le dos en maintenant la lourde liane de mes deux mains au-dessus de ma bouche ouverte. C'est un délice mais il y en a trop peu. Un peu plus bas, nous retrouvons nos deux compagnons qui avaient capitulé lors de l'ascension. Ils ont découvert une source au pied de la falaise. Je m'y précipite pour boire, d'un trait, un litre d'eau et remplir ma gourde. Puis, tout le monde presse le pas, sauf Jean-Pierre et moi qui avons laissé nos hamacs à la première crique. Le jour baisse déjà sensiblement et les deux Oyanas, qui avaient filé devant, reviennent à notre rencontre, inquiets de savoir pourquoi nous lambinons.... Et, plutôt que de nous laisser coucher là, ils préfèrent se charger à mort, empoignent nos sacs et nos hamacs et, terrorisés par la nuit qui tombe, font tout leur possible pour nous encourager et activer le mouvement. Pour notre part, n'ayant plus rien sur le dos, la marche devient facile. Nous avons des éclairages et ne sommes pas le moins du monde inquiets de voir le jour baisser mais, finalement, nous atteignons le camp avant l'obscurité totale. Nous sommes quand même assez surpris de l'attitude des Oyanas et de la peur panique qu'ils ont de se retrouver de nuit en forêt.

Très vite, un grand feu est allumé, sur lequel rôtit un sympathique hocco que l'on dévore à pleines dents avec du couac à l'eau. Max n'est pas venu nous rejoindre et mon petit papier de ce matin est toujours à la même place sur le tronc du pinot. Comme nous bavardons en rongeant les os du hocco, Didier m'apprend la véritable raison de sa crainte à dormir trop près de la montagne : un gros animal, très féroce et carnivore, de la taille d'un âne, hante généralement les abords des savanes et des cavernes rocheuses qui lui serviraient de gîte !!! On l'appelle le « janao »... Qui plus est, les amérindiens auraient entendu son cri, au loin, la nuit dernière ! Je commence à croire qu'il pourrait s'agir d'une espèce fort rare non répertoriée par les zoologistes lorsque de plus amples descriptions laissent à penser que c'est plutôt une sorte de dragon de légende. En effet, il aurait parfois deux têtes, une à l'avant, une à l'arrière et puis ses cris sont très variés et imiteraient ceux de toutes sortes d'animaux ! Précision surprenante, cependant : non seulement beaucoup de gens l'auraient vu mais les empreintes qu'il laisse dans la boue comporteraient quatre doigts !

Après toutes ces histoires, nous nous hissons dans nos hamacs. Didier s'endort avec, à portée de main, fusil chargé, sabre, poignard et lampe de poche ! Tout à coup, un craquement sinistre se fait entendre. Dans le faisceau de ma torche, j'aperçois Claude, le derrière par terre, dans son hamac plié en deux ! L'arbre auquel il l'avait attaché vient de casser. Sur ces entrefaites, les amérindiens repèrent dans la nuit les deux yeux d'un jeune jaguar venu boire à la rivière à quelques mètres de nous. Ils se mettent aussitôt à sa poursuite pendant que Claude cherche un autre arbre en bougonnant. C'est peine perdue, le fauve a filé silencieusement et c'est tant mieux pour lui. Enfin, tout se calme à nouveau et l'on s'endort, écrasés par la fatigue de la journée.

Jeudi 3 août

Avant de reprendre le chemin du camp Koulimapopane, nous passons la matinée à chercher vainement une savane-roche qui, pourtant, figure sur les photos aériennes. Encore fatigué de la veille, j'étale quelques plantes, tandis que Claude, en compagnie de Didier, pousse une pointe jusqu'aux cascades que l'on entend au loin. Il y découvre dans la boue, au bord de l'eau, une empreinte fraîche de pied nu ! Et puis, nous chargeons nos sacs à dos et c'est, en sens inverse, le même chemin que nous avions parcouru avant-hier, un peu plus familier cependant. En route, Didier tire un macaque qu'il charge sur son dos, mais l'animal gémit encore comme un petit homme... Alors, il l'achève d'un coup de sabre sur la tête. Un filet de sang s'écoule des oreilles... « - *Symptôme de fracture du crâne.* », déclare laconiquement Jean-Pierre.

À seize heures, nous sommes heureux de nous sentir vraiment « chez nous », au camp de la crique Koulimapopane. Il est bien rustique pourtant mais c'est un peu notre maison, notre village et puis il y a la table en rondins où il fait bon s'asseoir. Nous sommes quelque peu exténués et une tournée de tafia n'est pas superflue. Les amérindiens, Pinel, Simon et Touini qui, chaque jour, assurent un transport de matériel sur leur dos jusqu'au camp suivant, l'ont bien méritée. Nous aussi ! Quant à Burgot et son équipe de quatre hommes (Georges, Romule, Zeppina et Mano), ils nous ont quittés depuis trois jours, occupés à ouvrir le layon vers le Mitaraka, le Toukouchipann et la borne frontière n°1. Trente kilomètres en tout.... Ils en ont pour trois semaines au moins !

Vendredi 4 août

C'est une journée de repos au camp, peu fertile en événements. L'ambiance est très calme, Pinel, Touini, Simon et Mimisikou ayant été faire un voyage de matériel au camp suivant alors que Didier est retourné jusqu'au camp de base du dégrad de la crique Ouarémapann chercher deux paquets de papier à herbier supplémentaires. Nous sommes donc tous les quatre seuls et les longs palabres habituels, les récits imagés, les rires bruyants de nos hommes ont désormais cédé la place à un grand silence…

Je profite de l'occasion pour faire une longue toilette et me raser. Je barbote agréablement dans la rivière lorsqu'un coup de feu retentit. Dix minutes plus tard, je vois revenir Jean-Pierre avec un bel agami (*Psophia crepitans*,.sorte de pintade) De plus, il a raté de peu un « pakira » (*Tayassu tayacu*, pécari à collier). Quelle merveille ! Il n'y avait rien pour le déjeuner… Aussitôt tué, aussitôt plumé et mis à rissoler à la cocotte. Avec une purée en flocons, c'est délicieux et nous le dévorons à pleines dents, regrettant qu'il n'y en ait pas plus.

Samedi 5 août

Je n'aurai pas de gâteau pour mon anniversaire, mais le sempiternel chocolat au lait du matin, agrémenté de trois ou quatre biscuits. C'est l'avant dernier paquet et, dans trois jours, il n'y en aura plus. Les denrées commencent déjà à s'épuiser les unes après les autres ! Pourtant, ce matin, il faut bien manger car nous allons faire une longue étape sur le layon fraîchement ouvert…

Dès le départ, le tracé s'avère difficile et plutôt épuisant. Très vite, cependant, je devance Claude, Jean-Pierre, Max et Pinel, suivant de près Simon et Touini. Mimisikou marche dans ma foulée. La côte est longue et raide. Il n'y a pas cinq minutes de terrain plat : aussitôt monté, il faut redescendre ! Le sac à dos me paraît toujours horriblement lourd. Le passage de chaque bas-fond devient maintenant acrobatique. Ce ne sont plus des pinotières où l'on patauge dans la vase mais de profonds vallons envahis de chaos granitiques, d'énormes rochers au-dessous desquels on entend l'eau gargouiller sans la voir. Je les franchis en équilibre, m'accrochant aux arbres, évitant de me laisser entraîner par le poids du sac. Le contenu de la gourde est vite bu ! Dans une descente particulièrement prononcée, je dérape, glisse et la secousse décroche de ma ceinture le gros altimètre antique que j'y garde précieusement attaché. Je le vois avec horreur dévaler la pente et s'éloigner du layon, à droite, roulant et rebondissant comme un cerceau. Il prend de la vitesse et je le perds de vue dans la végétation et les rochers. À mon tour, je m'élance à sa poursuite, sabre en main, sur une pente à quarante-cinq degrés. Je me demande où il a bien pu atterrir ! Enfin, j'aperçois le disque blanc de son cadran serti de cuivre qui s'épanouit, au fond, sur un tapis de feuilles mortes. Le verre n'est même pas fêlé !

Il est treize heures… Le tracé descend doucement pour atteindre une pinotière. J'entends alors des voix et le tintement métallique des sabres : le camp est là ! Sous les deux carbets, sont pendus les hamacs de l'équipe de Burgot qui n'a donc pas encore quitté les lieux. En attendant que d'autres carbets se construisent, je troque avec plaisir mon jean, mes chaussettes et mes tennis mouillés contre un short bien sec et une paire de sandales. Je m'installe pour faire…du raccommodage : la pièce du genou gauche de mon jean menace de s'échapper !

À quinze heures, tout le monde est là et, le soir, il y a six carbets couverts de feuilles de palmiers : encore un vrai petit village ! Sur le terre-plein central, la fumée s'échappe doucement du bois qui se consume.

Dimanche 6 août

L'équipe de Burgot prend son repos dominical hebdomadaire mais je dois encore envoyer trois hommes au camp de la crique Koulimapopane pour chercher le reste des colis. Quant à moi, je projette d'aller avec Claude jusqu'à la grande savane-roche que doit traverser le layon, trois kilomètres plus loin. Nous quittons le camp à huit heures trente avec Mimisikou qui porte la presse. Burgot a tenu à nous accompagner pour nous montrer le chemin. Au début, l'itinéraire est tout aussi pénible que la veille. C'est une succession de montées et de descentes abruptes dans la forêt dense, parmi les lianes, les arbres tombés, les palmiers « mourou-mourou » dardés d'épines noires longues de plusieurs centimètres. Par endroits, il y a d'énormes rochers plus ou moins arrondis ou érodés en crêtes verticales, formant des cavernes, des falaises, des surplombs pouvant dépasser dix mètres de haut.

Les monts Mitaraka. Au premier plan, l'orchidée *Epidendron nocturnum.*

Puis, la forêt s'éclaircit ; nous passons à proximité d'une petite savane-roche. Dans un sous-bois clair abrité d'arbrisseaux épars, s'étale un aimable tapis de sélaginelles vert tendre marbré de taches de soleil. À dix heures trente, nous sortons de la forêt. C'est le rocher nu ou presque, couvert de plaques de hautes graminées et d'ananas sauvages. De petits îlots de végétation arbustive se dressent de ci de là au milieu des herbes. La savane s'étale sur une ligne de crête de cinq cents mètres de long. À gauche, elle descend en pente douce vers la forêt sur près d'un kilomètre. À droite, elle plonge brutalement, en falaise, jusqu'aux premiers arbres de la voûte. Le panorama est extraordinaire, bien que nous ne soyons qu'à cinq cent cinquante mètres d'altitude. Il est peut-être plus beau encore que celui que nous découvrions depuis le sommet du Paloulouimenpeu. Du côté brésilien, au-delà de l'à-pic rocheux et derrière le moutonnement de la forêt, le Mitaraka dresse sa silhouette massive. Il paraît tout proche, maintenant, et l'on distingue bien ses parois de granite nu, érodé et marqué par les pluies de longues trainées verticales. Derrière le massif nord aux deux pitons relativement aigus, s'étale la large croupe du Mitaraka sud, plus haut mais moins abrupt. Il masque complètement le Toukouchipann. À droite et à gauche, on découvre, très loin derrière les chaînons de collines, de grosses montagnes qui doivent se trouver au Brésil. Du côté français, le paysage est tout aussi beau, avec une série de lignes de crête qui se superposent, d'un bleu de plus en plus pâle au fur et à mesure qu'elles sont plus éloignées. Je ne me lasse pas d'admirer ce spectacle qui change perpétuellement au gré du déplacement des nuages. Tantôt le Mitaraka apparaît en vert sombre derrière un premier plan de fleurs bleues et blanches éblouissantes de soleil ; tantôt, derrières les herbes de la savane et les silhouettes obscures et torturées des Clusia maintenant dans l'ombre, il resplendit, illuminé par une trouée dans les nuages. Malheureusement, nous ne sommes pas là pour faire du tourisme et c'est bien à regret que je ne puis m'accorder le temps de m'asseoir, de contempler le spectacle et de laisser aller mon imagination à la rêverie, au cœur des Tumuc-Humac où nous sommes maintenant. Je parcours le rocher d'un pas alerte, affublé de trois appareils photo (un « panoramique », un « noir et blanc » et un « diapos couleurs ») et d'un grand sac en plastique dans lequel j'enfourne toutes les plantes que je trouve…et ce n'est pas ce qui manque ! Le travail le plus long consiste ensuite à les étaler et prendre les notes correspondantes, assis à l'ombre sur un tapis de mousses, dans le bois clair et broussailleux de la lisière. La chaleur et la sécheresse nous altèrent vite car l'eau est déjà épuisée. Ayant négligé d'emporter un casse-croûte, la faim vient s'ajouter à la soif… Ces lieux passionnants nous retiennent jusqu'à quinze heures.

Les Mitaraka ne sont plus très loin.

De retour au camp, un plantureux festin nous attend fort heureusement ! Burgot a préparé du hocco en sauce tandis que Didier fait rissoler de savoureux biftecks taillés dans le filet du « pakira » que Mimisikou a tué ce matin. En outre, Claude s'ingénie à préparer une salade de cœurs de pinots...assaisonnée au Viandox, faute de vinaigrette. La nuit tombée, de sourds grondements de tonnerre se font entendre et, pour la première fois depuis de longs jours, la pluie se met à tomber.

Lundi 7 août

Burgot et son équipe reprennent le travail et, cette fois, ce sont les autres qui prennent leur journée de repos. Didier doit remplacer Zeppina dans le groupe d'ouverture du layon car ce dernier souffre beaucoup de la jambe et nous donne de sérieuses inquiétudes : il a grande peine à marcher et reste au camp aujourd'hui.

Pour nous, il n'y a jamais de dimanche et nous allons récolter dans les environs des carbets, de quoi nous donner du travail pour le reste de la journée. Et puis, il y a toujours la routine : retirer les plantes sèches du four, faire le plein de pétrole des réchauds et les remettre en marche, y installer les paquets d'échantillons frais, solidement serrés par des chaînes, trier, noter, étiqueter.... Tout cela se passe plié en deux sous le carbet ou assis par terre, ce qui a pour effet de me donner un bon mal de reins. De petites averses intermittentes ont remplacé le beau temps des jours passés et ne facilitent pas le travail. Max qui, comme d'habitude, a récolté un grand nombre d'araignées, est aussi très affairé dans ses tris et ses étiquetages. Claude a ramené un petit serpent venimeux. Quant à Jean-Pierre, il a tué un bel ara et un pic au plumage bleu dont il fixe les têtes au formol. Sacs plastique et flacons sont devenus un vrai cimetière d'insectes, d'araignées, de batraciens, de reptiles et même de quelques mammifères.

Vingt et une heures... Max est devenu chirurgien : il charcute le pied de Didier où s'est formé un abcès à la suite d'une blessure provoquée par un chicot de bois sur lequel il a marché...voici déjà trois semaines ! À travers la corne de la face inférieure du pied, il fait une ponction de pus à l'aide d'une seringue, mais Didier ne se laisse pas tellement faire. Il faut avouer que ce ne doit pas être spécialement agréable pour le patient.

Mardi 8 août

Sept heures.... Le jour pointe et la rosée s'écoule des longues palmes des pinots. Quelques hommes, déjà réveillés, sont assis en rond autour du feu qui reprend doucement et sur lequel chauffe une casserole d'eau. Ils bavardent silencieusement, ce qui est rare ! Peu à peu, le camp s'éveille. Comme tous les matins, les amérindiens nous demandent : « - *Taquoi cono ?* » (comment ça va, beau-frère ?)... Ce à quoi il faut répondre : « - *Malalé* » (ça va bien !). Je me lève vite pour plier bagages... L'étape de la journée doit être longue et nous rapprochera beaucoup du Mitaraka. Ce n'est qu'après avoir sorti du four et trié les paquets de plantes sèches que nous prenons le petit déjeuner, frugal mais tant attendu.

Neuf heures... Tout le monde est parti sauf Zeppina qui souffre encore de sa jambe. Les Bonis sont en tête car ils doivent revenir ici ce soir ainsi que les deux Oyanas qui portent des charges énormes, presque aussi grosse qu'eux ! Quant à Didier, il estime à soixante kilos ce qu'il a sur le dos. Max est en queue de peloton. Jusqu'à la grande savane-roche, le chemin nous est maintenant familier...

Midi ! Voici la savane. Le paysage que l'on y découvre, bien que longuement admiré avant-hier, est toujours un émerveillement. Après les pluies de cette nuit, le ciel est assez couvert et il fait bon s'asseoir au bord du rocher, au-dessus de l'océan de verdure, face au Mitaraka. La brise est fraîche et nous décidons de piqueniquer ici. Max n'est toujours pas en vue mais, une demi-heure plus tard, alors que nous achevons nos boîtes de pâté, de thon et de corned-beef, des appels répétés se font entendre vers la lisière. Serait-ce Max qui aurait encore perdu le chemin ? Tout juste ! Le voici qui débouche des broussailles, en treillis, sac au dos, bâton à la main, ustensiles à la ceinture et cheveux tirés en chignon derrière la tête. Il est vite enthousiasmé par le site qu'il ne connaît pas encore et, après un rapide casse-croûte, il se met au travail : photos, cinéma, capture de lézards... Je lui demande de photographier pour moi une magnifique Broméliacée que Didier a trouvée mais, alors qu'il fait la mise au point, j'aperçois les grosses pattes velues d'une mygale qui s'extirpe de sa cachette, entre les larges feuilles imbriquées du cœur. Il nous faut entièrement disséquer la plante pour la récupérer. Pinel, qui porte la caméra, s'impatiente car il souhaite rejoindre le camp suivant le plus tôt possible pour aider à la construction des carbets. Jean-Pierre fait le tour des lieux en impressionnant beaucoup de pellicule. Claude et moi les laissons là tous les trois afin de poursuivre le chemin qui est encore long car nous n'avons parcouru que la moitié de l'étape.

Quinze heures...Cela n'en finit plus : toujours les montées, les descentes et l'argile rendue glissante par la pluie. Hirsute, sabre au flanc, en tenue kaki déchirée et trempée de sueur, avec sa petite casquette rouge, Claude a tout l'air d'un maquisard, voire d'un mercenaire. Il profère toutes sortes de jurons bien choisis en trébuchant dans les arbres tombés, s'enfonçant dans la vase des pinotières ou effectuant un dérapage non contrôlé qui l'amène brutalement à terre, le coccyx dans la boue. En plus de son volumineux sac à dos, il en a un second qui lui pend sur le ventre et rend les mouvements particulièrement malaisés. Je suis également en « nage » et, dans cette humidité constante, qu'elle provienne de l'eau des criques traversées ou de la transpiration, les boutons, piqûres, égratignures et petites blessures ne cessent de démanger et ne guérissent jamais. Les champignons se développent allègrement sous le bracelet montre que je change de poignet chaque jour. Cette expédition nous éprouve vraiment tous beaucoup... Les kilomètres s'écoulent à un rythme désespérément long. Didier, qui nous précède avec son énorme catouri, me dit tout à coup en désignant du doigt la végétation devant nous : *« - Là, il y a un gars qui vient de passer, derrière le gros arbre... »*. Je suis éberlué et lui fait répéter : *« - Un gars ?... Et comment était-il ? »*. *« - Rouge ! Peut-être un esprit ou un Oyaricoulet... »*. Voilà qui est vraiment étrange... Didier, trop fatigué, aurait-il des hallucinations...ou bien aurait-il vraiment vu un humain ? J'atteins l'arbre en question. Il n'y a rien derrière... Rien, nulle part, ne bouge... C'est le silence et, tout autour, l'écrasante uniformité de la mosaïque verte derrière laquelle on ne voit rien... J'écarquille les yeux et progresse intrigué mais, finalement, j'opte pour l'hypothèse de l'hallucination. Rien encore n'annonce le camp : pas de voix, aucun bruit de sabre. Didier me fait remarquer un superbe petit serpent-liane vert clair, extraordinairement mimétique, long et mince comme un crayon, qui se faufile discrètement sur les branches, à un mètre du sol, et s'immobilise de longs moments. Je le poursuis un instant pour le photographier et finis par le capturer vivant pour Jean-Pierre.

Vers dix-sept heures, nous trouvons, au sommet d'une colline, tout le matériel laissé par les amérindiens et les Bonis... Le camp doit être tout près ! Eh bien, non ! Nous marchons encore une demi-heure et, dans chaque bas-fond traversé, il n'y a pas d'eau...donc pas de camp. En passant, je me suis chargé du four et d'une valise dans chaque main et j'ai grand peine à gravir la pente. Enfin, ça y est : voilà les toits de palmes et la fumée bleue qui s'élève à travers les sylves. Après une bien agréable toilette dans la crique, nous nous mettons à étaler les plantes lorsque retentit le grondement sourd du tonnerre derrière le Mitaraka, tout proche.

Le ciel s'assombrit et, tout à coup, il fait presque nuit. Nous sommes tous persuadés que Max ne rentrera pas ce soir, même à la lumière de sa lampe frontale. Sans nul doute, il tendra son hamac entre deux arbres mais, avec la pluie qui commence à tomber, il va être trempé comme une soupe !

Dix-neuf heures…. Pinel est arrivé il y a un quart d'heure… Dans la forêt, je distingue un point lumineux qui se déplace et se rapproche. C'est Jean-Pierre ! Il a laissé Max sur la savane-roche…et après s'être changé, il se régale du hocco au riz bien chaud que Mano vient de préparer. Et puis, comme il veut se faire un petit café, nous cherchons dans le sac de Max une casserole qui, d'ailleurs, ne s'y trouve pas. Par contre, nous y découvrons avec effroi son hamac, sa moustiquaire et sa lampe. Le voilà donc seul dans la forêt, complètement dépouillé, sans éclairage et sous la pluie. Lorsque nos hommes apprennent la nouvelle, malgré leur fatigue, ils décident de partir à quatre à sa recherche, munis de puissantes torches et de fusils pour affronter les… « dangers de la nuit ». Il est vingt heures.

Vingt-deux heures trente… C'est le branlebas nocturne : l'équipe de secours arrive après avoir récupéré le naufragé de l'« enfer vert » qui titube de fatigue et s'était résigné à passer la nuit sur le sol, allongé sous son imperméable. Il avait bien tenté de suivre le layon à quatre pattes, en essayant de repérer des doigts les biseaux des arbustes tranchés au sabre !!! Les hommes ramènent également un jeune jaguar, très beau, abattu d'un coup de fusil. Je crois que, ce soir, il ne faudra bercer personne.

Mercredi 9 août

Il a plu dans la nuit et, à sept heures, il fait encore bien sombre. Tout le monde flemmarde un peu au hamac, en particulier les quatre hommes qui sont allés chercher Max hier soir. Ils resteront d'ailleurs au camp toute la journée. L'étalage des plantes récoltées hier m'occupe jusqu'à dix heures trente. J'ai encore bien faim, n'ayant pas réussi à satisfaire mon estomac depuis la longue marche de la veille. Cependant, je vais quand même essayer de rejoindre Claude et Didier qui sont partis depuis trois quarts d'heure pour tenter d'atteindre une savane-roche perchée sur un dôme granitique, à quelques deux kilomètres d'ici. Sabre en main, sac au dos, je me faufile sur le tracé, assez peu visible il faut bien le dire, qu'ils ont laissé derrière eux. Plus d'une fois, je cherche longuement le petit bois coupé en biseau par la lame du sabre, la feuille retournée, l'écorce entaillée. Parfois, il faut parcourir dix mètres avant de trouver un indice de leur passage. C'est un vrai jeu de piste ! J'en profite pour ouvrir plus clairement le layon afin de ne pas avoir de problèmes au retour. La forêt est sombre mais scintille de milliers de taches de soleil et de feuilles qui brillent et en font une mosaïque où il est bien difficile de distinguer quelque chose. Une bande de couattas se met à crier au-dessus de moi. Loin devant, un coup de feu m'indique que je suis sur le bon chemin.

Deux heures après, j'arrive dans les broussailles annonciatrices de la savane-roche. La côte est raide et parsemée d'éboulis rocheux ; la forêt, basse et claire comme un petit bois européen, abrite l'habituel tapis de sélaginelles… J'entends maintenant Claude et Didier, au-dessus de moi, qui appellent. Les traces sont de moins en moins nettes mais, puisqu'ils sont là, je peux foncer ! Cependant, c'est bien difficile et voilà maintenant un fouillis végétal qui s'accroche au rocher en pente. Je tente une petite escalade parmi d'énorme *Costus* et des aracées qui m'amène sur une plateforme herbeuse en pente raide mais il s'avère impossible d'aller plus haut : la paroi de granite qui la domine est infranchissable bien que, de loin, elle me paraisse taillée en escaliers. Cette fois, c'est moi qui appelle mais seul me répond l'écho sur le Mitaraka qui se dresse, énorme, en face. Dépité, je rebrousse chemin et redescend, à contrecœur, dans la forêt broussailleuse. Un peu plus loin, le problème est identique… Où ont-ils bien pu passer ? Sans doute sur le sommet ou, même, de l'autre côté, n'entendent-ils plus mes appels. À force de tourner en rond, j'ai naturellement perdu le layon et, découragé, je décide de rentrer. Il est trop tard pour essayer de grimper, la fatigue d'hier se fait sentir et puis je n'ai pas de casse-croûte pour apaiser ma faim tenace et plus d'eau, non plus, dans la gourde. Qui plus est, mon appareil photo est chargé d'une pellicule ultra-sensible qui ne conviendrait pas pour les lieux ouverts. Je reviendrai demain ! Mais, sans layon maintenant, voilà qui est peu réjouissant. Je finis par retrouver des bois coupés mais ils ne mènent nulle part... Peut-être même est-ce moi qui viens de passer là ? Il ne me reste qu'une solution : piquer plein ouest pour retomber sur le layon du Topofil. Heureusement, j'ai toujours avec moi ma boussole, mon sabre et la carte car, très vite, dans cette forêt, on tourne en rond sans s'en douter et, pour peu qu'il n'y ait pas de soleil, il devient impossible de s'orienter. Malheureusement, la végétation est dense et je n'avance pas vite, suant à grosses gouttes en donnant des coups de sabre dans les arbrisseaux, les lianes et les herbes qui forment souvent des amas compacts... Et puis, miracle, voici de nouveau un petit biseau, clair et tout frais, puis un autre.... Je n'ai plus qu'à suivre, en sens inverse, le même chemin que ce matin.

De retour au camp, je suis rejoint peu de temps après par Claude et Didier qui sont revenus par un autre chemin. Je me félicite de ne pas les avoir attendus ! En échangeant nos impressions, Claude me fait part de sa découverte, ce matin, de tracés laissés par les Oyaricoulets, balisés par de jeunes arbres brisés à la main, à hauteur d'homme, tout comme ceux que nous avions vus au Paloulouimenpeu. J'avais moi aussi, au cours de ma pérégrination, remarqué ces repères. Et, puisque nous sommes branchés sur la question, Max interrompt un moment la construction d'un magnifique banc en troncs d'arbres qu'il est en train d'achever, pour nous avouer qu'hier, il lui a semblé être suivi un bon moment, parallèlement, dans la forêt, par un être qui cessait d'avancer à chaque fois que lui-même s'arrêtait. Quant à Georges, du haut de la grande savane-roche où nous étions hier, il aurait entendu des coups frappés dans la forêt et aurait vu quelque chose de rouge dans la même direction.... Peut-être l'homme des bois aperçu par Didier n'était-il pas une vision !

Jeudi 10 août

Neuf heures... Nous marchons tous les cinq, Didier en tête, Max, Jean-Pierre, Claude et moi, vers le dôme rocheux que je n'ai pas réussi à gravir hier. Par l'autre côté, c'est beaucoup plus facile, parait-il. En effet, bientôt, la canopée s'éclaircit et fait place à une étroite lisière d'où nous faisons irruption en pleine lumière, sur le rocher. Devant nous s'étale une longue pente de granite noir alvéolé, érodé et altéré en écailles. De part en part, des plaques de végétation se sont installées dans les endroits les plus plats et le long des fissures. L'air est beaucoup plus sec que dans le sous-bois et un vent frais balaie agréablement la savane. Derrière, à un kilomètre environ, le Mitaraka nous domine de ses hautes parois de granite. À la jumelle, on peut y distinguer tous les détails comme si nous y étions.

Au fur et à mesure que nous grimpons doucement sur la roche rugueuse qui adhère bien aux chaussures, le paysage se découvre tout alentour. Le sommet culmine à cinq cent vingt mètres. Il y a une borne, totalement inconnue et ne figurant pas sur les cartes, sur laquelle je parviens à déchiffrer à grand peine, gravée dans le ciment : « Mission française (ou « françoise » ?). 6 11 87 » ! Mais la date est incertaine... Tout autour, nous dominons la forêt vierge aux cent vallonnements et aux millions de cimes de toutes les nuances de vert, d'où s'élèvent les sifflements familiers et lancinants des « paypayos » (*Lipaugus vociferans,* oiseau au cri d'alerte strident) et les hurlements modulés des « babounes » (*Alouatta seniculus,* singe hurleur roux). C'est impressionnant. Sur l'horizon bleuté, on distingue quelques massifs remarquables, en particulier un pain de sucre, très loin, au nord-est et, à l'ouest, le Paloulouimenpeu avec ses deux sommets sur lequel nous avons tant peiné il y a huit jours. À trois kilomètres au sud, la grande savane-roche où nous étions avant-hier apparait comme une longue plage dénudée sur la crête.

Des îlots de végétation arbustive se dressent un peu partout sur le rocher et dans le tapis herbacé. Des senteurs merveilleuses nous parviennent de la pente où les orchidées poussent en touffes par centaines. Nous prenons bien le soleil sans avoir trop chaud, tout en sondant les alentours à la jumelle et à la boussole. Et puis, c'est le piquenique tant attendu, dans une petite salle à manger à l'ombre, creusée dans un bosquet plus important que les autres. L'après-midi est consacrée au travail.

Alors que nous sommes sur le chemin du retour, Claude et moi ayant laissé les autres terminer leur chasse aux lézards, nous entendons un bois craquer au niveau du sol, peu avant d'atteindre le camp. Aussitôt après, nous voyons détaler rapidement, à travers les branches, une silhouette qui nous semble humaine !

Ce soir il pleut… Des orages et quelques petites averses comme hier et avant-hier. Ce n'est plus le grand beau temps de la semaine passée mais il faut bien que la forêt vive et que l'eau coule dans les criques ! Pour une fois, nous nous endormons repus, après une plâtrée de biftecks de « pakira » (tué, encore, par Mimisikou), accompagnée d'une montagne de riz.

« Au feu, au feu ! »… Il fait encore nuit et ces cris me réveillent. Je reconnais la voix de Claude, puis je perçois un certain remue-ménage. À travers ma moustiquaire, je ne vois cependant pas trace de flammes. Je comprends vite, alors, que Claude vient de faire un cauchemar : réveillé brutalement par le faisceau d'une lampe de poche qui balaie son hamac, il a cru que le four à pétrole pour le séchage des plantes avait pris feu !

Vendredi 11 août

C'est sans regrets que nous quittons ce camp installé sur un terrain très en pente et où les bagages de toutes sortes, amoncelés sous les hamacs dans un carbet trop petit, s'écroulent systématiquement. Une petite pluie persistante tombe et ne facilite pas l'emballage des affaires. Il fait encore sombre. Certains d'entre nous perçoivent tout à coup, puis à plusieurs reprises, des appels sourds et lointains qui semblent produits par une trompe, paraissant provenir des pentes du Mitaraka, juste en face ! Peut-être les Oyaricoulets transmettent-ils des signaux ou…sonnent-ils le rassemblement !

L'étape est vraiment très courte (1,7 kilomètre) jusqu'à la crique, affluent du Mapaoni, qui coule entre le Mitaraka nord et le Mitaraka sud. L'endroit est idéal pour construire le camp, au pied des montagnes, dans un sous-bois bien horizontal et dégagé, à côté de la rivière dont les eaux murmurent entre de gros rochers moussus, arrondis. Pendant que les carbets se montent, je vais faire une petite reconnaissance, avec Claude et Jean-Pierre, sur le versant opposé, celui du Mitaraka sud. En bas de pente, la forêt est très belle et l'on peut y voir des arbres immenses. Nous longeons ensuite toute une zone de broussailles épaisses avant d'accéder à la crête qu'il sera nécessaire de suivre vers l'est sur trois kilomètres lorsque nous irons au sommet, vraisemblablement lundi prochain. Au retour, Jean-Pierre marche devant. Soudain, il s'arrête et sort très précautionneusement sa pince à serpents qu'il approche doucement du sol et saisit brutalement au cou un magnifique crotalidé rouge sur lequel il a failli mettre le pied. La bête est déjà grosse et terriblement venimeuse. Sa tête triangulaire se fend pour découvrir des crochets redoutables et sa queue frétille et vibre dans les feuilles mortes comme celle d'un serpent à sonnette. L'introduire dans le sac en toile est une opération délicate car il se débat et en mord rageusement les bords.

Arrivés au camp, nous avons la surprise de découvrir sept magnifiques carbets, une table et un banc, qui s'avèrent merveilleusement pratiques pour travailler et prendre les repas. Nous avons un carbet pour deux et c'est le grand luxe d'un bon camp de base…

Samedi 12 août

Nous nous sommes fixés comme objectif pour la journée d'atteindre les savanes-roches se trouvant à l'extrême ouest de la crête du Mitaraka sud. Pour commencer, c'est la routine de tous les jours à savoir : prendre le café au lait (il n'y a plus de biscuits à y tremper depuis longtemps !), enfiler le jean sale et déchiré, la chemise puante de sueur, les chaussettes trouées et les tennis humides. Puis il faut préparer le sac à dos avec le matériel photographique, le sécateur, les carnets, les crayons, le bidon de couac, quelques morceaux de macaque dans un sac plastique pour le piquenique… Enfin, c'est la marche, ou plutôt le parcours du combattant, qui reprend. Didier nous guide et ouvre le layon. Seul Claude est venu avec moi, Max et Jean-Pierre, fatigués, ayant préféré travailler autour du camp.

Jean-Pierre et Max travaillant au camp Mitaraka.

Après un long périple en forêt, nous avons accès à un petit plateau couvert de hautes herbes parmi lesquelles se dressent des agaves et de grandes orchidées à fleurs jaunes, les « calou-diable ». Il y fait chaud car c'est bien à l'abri du vent. Les feuilles de Broméliacées (« ananas sauvages »), noyées dans les herbes, piquent les chevilles. Didier découvre sur le sol une crotte de « tigre » (jaguar) où prédominent les poils indigestes de ses victimes ? À en juger par la taille respectable de l'excrément, il ne ferait pas on se trouver face à face avec l'animal au milieu des hautes herbes et des buissons de la savane.

L'heure tourne et les estomacs sont creux… Il est grand temps de prendre le casse-croûte composé des morceaux de macaque emportés ce matin, avec du couac arrosé avec l'eau tiède de la gourde. Ce n'est pas extraordinaire, mais suffisant pour travailler une bonne heure puis reprendre le chemin de la forêt jusqu'à une autre savane-roche qui forme une longue pente de granite parsemée, par endroits, de plaques de végétation herbacée. On y jouit d'un point de vue splendide sur tout le massif du Mitaraka qui forme une sorte de cirque en fer à cheval depuis les deux sommets aigus du piton nord, à gauche, jusqu'au dôme arrondi et bordé de falaises du Mitaraka sud, à droite.

Puis, en descendant sur la pente raide et dans la forêt, nous regagnons le camp par une voie plus directe mais aussi, plus difficile. Il est grand temps de rentrer car une tornade inhabituelle se met à souffler et tord les arbres de la forêt qui se balancent dangereusement au-dessus de nos têtes. Nous craignons que quelque bois mort se détache ou qu'un tronc vienne s'écrouler sur les carbets mais il n'en est rien… Le vent est bientôt suivi d'une ondée…

Ce soir, il fait froid et tout le monde grelotte. Max a même enfilé son énorme anorak en duvet ainsi que son pull-over…en guise de pantalon ! Cet accoutrement fort distrayant déclenche une série de fou-rires bruyants de Romule qui rugit entre deux hoquets : « - *Pantalon Jules César !... Napoléon !...* ». On se demande bien pourquoi : César n'avait rien sous sa toge, pourtant !

Dimanche 13 août

Aujourd'hui, j'ai décidé de profiter pleinement du dimanche pour me reposer car demain, nous faisons l'ascension complète du Mitaraka sud. Pendant que Claude et Jean-Pierre sont partis au pied de la montagne, j'occupe la matinée à faire une bonne toilette et à laver le linge dans la rivière… Ce n'est vraiment pas un luxe et ce sera bien agréable, ce soir, d'enfiler un pyjama qui sent bon la lessive !

Suit un copieux déjeuner à base de purée en flocons au lait, haricots rouges, riz et couatta (curieux mélange !) pris en tête à tête avec Max sur la solide table rustique à laquelle est venu s'ajouter une seconde table, identique, donnant une fois de plus à la « place publique » de notre village un petit air de guinguette. Le linge sèche sur une corde tendue entre les arbres, le boucan fume et les chasseurs reviennent avec quatre hoccos et autant d'agamis.

Tableau de chasse.

Dix-neuf heures… Nous achevons de dîner lorsque j'entends, sur un poteau du carbet, une série de crépitements. Dans le faisceau de ma lampe de poche, j'aperçois un gros gecko qui vient d'attraper un scorpion, lequel se débat vigoureusement, mais en vain, dans la gueule du reptile… Le scorpion finira dans un pilulier du laboratoire portable de Max, tandis que le lézard lui échappe. Avant de se coucher, nous avons établi le programme du mois à venir, les groupes devant se dissocier : Max, Claude et Jean-Pierre rentreront à Cayenne avec quatre hommes et un canot, tandis qu'avec le reste de l'équipe, je poursuivrai la mission jusqu'à fin septembre.

Lundi 14 août

L'ascension du Mitaraka sud est chose facile. Après les deux cents premiers mètres de sentier très abrupt se faufilant entre d'énormes rochers, le layon suit pendant trois kilomètres une longue ligne de crête en sous-bois qui s'élève progressivement de cinq cents à six cent soixante-dix mètres. Nous le parcourons à toute vitesse, pratiquement sans arrêt jusqu'au moment où la forêt fait place à une crête rocheuse de granite noir, très arrondie, altérée en écailles, qui continue à s'élever ainsi jusqu'au sommet qui, avec ses sept cent quarante mètres, est le plus haut de tous ceux des Tumuc-Humac français. Une fois de plus, le panorama est grandiose. À droite, un peu embrumée et à contre-jour, se profile toute une série de crêtes et de monts qui se superposent.

Mitaraka sud, le cirque du sommet. Au loin le Toukouchipann.

Le premier, le Toukouchipann, en forme de pain de sucre, sera notre prochaine étape. Il cache partiellement le dôme en cloche, large et massif, presque entièrement dénudé. Derrière lui, on distingue bien le sommet de cinq cent quatre-vingt-quatorze mètres où se trouve la première borne frontière entre le Brésil et la Guyane, « terminus » de l'expédition ! Plus loin, vers la droite, une importante chaîne se dresse, au Brésil. Vers la gauche, on voit une montagne qui semble fendue en son centre : le Pic Coudreau. De l'autre côté, c'est le Mitaraka nord qui s'impose au premier plan, austère et escarpé. Son ascension, demain, sera difficile ! En arrière-plan, il y a toute une série de hautes collines et de chaînons où nous reconnaissons bien, au loin, le sommet à deux têtes du Paloulouimenpeu. Sur la roche noire, tout autour, les massifs d'orchidées embaument. Au milieu, se dresse un tumulus de pierres entourant une petite borne IGN de 1962.

Mitraka sud. Claude, Jean-Pierre, Max et Pinel.

L'air est frais et sec. Arrivé au point culminant de la zone rocheuse, j'installe le thermomètre-hygromètre enregistreur pour une semaine et, au bout de quelques minutes, j'ai la surprise de constater que l'hygrométrie peut descendre à cinquante pour cent alors que, dans la forêt, elle oscille entre quatre-vingt-dix et cent pour cent. Bien entendu, avant de commencer le travail, je prends quelques photos du site, un amérindien en calimbé rouge faisant souvent un premier plan de choix devant un fond de montagnes bleutées. Nous installons nos affaires à l'ombre symbolique de petits buissons et puis, la grosse bêtise du jour, c'est Pinel qui la fait.... « Pour s'amuser », il met le feu à un coin d'herbes sèches qui, naturellement, flambe comme une torche. Les flammes gagnent rapidement les buissons et les massifs environnants dont le tapis de grandes graminées, déjà grillées par le soleil, constitue un combustible de choix. Bientôt, tout le secteur crépite et brûle comme le maquis provençal. Les Myrtacées, les ananas sauvages... tout y passe, sauf, quand même, les parties charnues. L'incendie qui, soi-disant, devait s'étendre seulement de l'autre côté, se ramifie un peu partout et nous commençons à nous demander s'il ne va pas falloir déménager les affaires. Pinel reçoit de nous quatre une sérieuse engueulade, bien méritée, et a pour mission de limiter les dégâts, déjà importants. Max, qui avait repéré dans cette lisière, un intéressant biotope pour ses araignées, est furieux. Quant à Claude, il se sent pris comme un rat dans la petite forêt qui couronne le sommet, limitée par le précipice sur trois côtés et par les flammes sur le quatrième. Il en sort dare-dare. Après ce fâcheux incident, nous cassons une croûte toujours composée de couatta (*Ateles paniscus*, singe araignée) et de couac, peu enclins à nous activer car le soleil commence à taper dur.

Ayant achevé mon frugal repas, je retourne explorer les boqueteaux fleuris de la savane pendant que Claude est reparti dans sa forêt. Jean-Pierre traque les lézards sous les dalles de granite et Max « mitraille » les alentours avec son appareil photo. Soudain, j'entends un gros bruit dans les broussailles, vers le sommet au-dessus de moi, des branches cassées, une série de chocs sourds et puissants comme des rebondissements qui font résonner le granite. Le bruit se poursuivant quelque temps en s'amplifiant, tout en descendant, j'en déduis qu'il doit s'agir d'un gros rocher en équilibre instable que Claude ou Didier a fait basculer et qui dévale la pente en écrasant les buissons. Comme je suis en dessous, je me gare en toute hâte mais rien n'émerge de la lisière... Curieux ! Curieux aussi le fait que le bruit se soit interrompu quelques secondes avant de reprendre et curieux ces sortes de couinements que je viens d'entendre. Me renseignant par la suite auprès de Didier, j'apprends que le rocher en question était, en fait, un gros « maïpouri » qui s'enfuyait à travers les broussailles, dérangé par Claude qui travaillait dans le secteur sans se douter de rien. Ce dernier, tout aussi intrigué que moi, était d'ailleurs, sabre en main, prêt à toute éventualité !

Après deux heures de travail, nous prenons le chemin du retour, non sans admirer encore une fois, au passage, le Mitaraka nord et le Paloulouimenpeu dont l'éclairage donne un aspect différent de celui qu'ils avaient ce matin. Vers le sommet, la fumée s'élève encore, par endroits, de la lisière.

L'imposant Mitraka nord vue du Mitaraka sud. Au premier plan Mimisiku.

Mardi 15 août

Aujourd'hui, c'est le Mitaraka nord qui est au programme. Il fait beau mais, comme tous les jours, il fait encore bien frais à sept heures et l'on s'extirpe à regret des couvertures tièdes. Quant aux deux Oyanas, ils font leurs paquetages afin de retourner chercher du couac, deux camps avant celui-ci. Ils prévoient leur retour demain. Les préparatifs sont toujours longs bien qu'il ne semble pas y avoir grand-chose à faire et c'est à huit heures seulement que l'on démarre, à flanc de colline, tous les quatre accompagnés de Didier, Pinel, Simon et Touini. Je m'attendais à une longue et pénible ascension mais, très vite, nous sommes au pied de la montagne qui plonge brutalement dans la forêt par une très longue pente à quarante degrés, en granite noir et rugueux, presque complètement dénudée, que l'on peut gravir assez facilement. Plus haut, par contre, les broussailles deviennent inextricables et le sol très accidenté. Il faut s'agripper à tout ce que l'on trouve, branches, touffes d'herbe, pour se hisser car les pieds glissent et dérapent sur le rocher et, surtout, sur les grandes feuilles vernissées et coriaces des aracées qui poussent en population dense et que Didier vient de couper. Cela rappelle un peu l'ascension du Paloulouimenpeu. Nous progressons maintenant assez péniblement dans cette végétation qui s'accroche à la roche puis nous passons le long d'une paroi, sous un important surplomb. Les « ananas sauvages » piquent les chevilles. Ce milieu nous est maintenant familier. Derrière, la vallée nous sépare du Mitaraka sud qui s'étale de tout son long en crête forestière terminée, à gauche, par la savane-roche où nous étions hier. Bientôt, l'on arrive au petit col qui sépare les deux sommets. Nous orientant d'abord vers celui qui se dresse à l'est, nous devons vite rebrousser chemin car, de ce côté, il s'avère complètement inaccessible.

Mitaraka nord, le sommet inaccessible.

La forêt sèche et broussailleuse qui l'entoure ressemble beaucoup à celle du Mitaraka sud. Les Myrtacées abondent et la présence de nombreuses mousses et fougères en sous-bois permet de penser qu'en saison des pluies, toute cette zone est noyée dans les brouillards. Nous contournons par le nord l'autre sommet situé plus à l'ouest mais c'est peine perdue et nous devons nous contenter d'une petite halte sur une dalle en forte pente, exposée au nord. De cet observatoire, on embrasse la totalité du paysage, depuis le Paloulouimenpeu au loin, à gauche, jusqu'à un autre pic très agressif, noyé dans les brumes de l'horizon, en passant par toute la ligne de crête parcourue les semaines passées avec la grande savane-roche et le petit dôme de granite que nous avons appelé « Petit Mitaraka ». Nous ne quittons pas les lieux sans en emporter quelques souvenirs photographiques et, bien entendu, des plantes intéressantes. Le retour se fait rapidement car un orage (qui n'éclatera jamais !) menace à l'horizon et, par temps de pluie, la pente rocheuse doit être un vrai toboggan.

Mercredi 16 août

C'est pour nous une journée de rangements et de repos au camp en prévision du départ demain, vers le Toukouchipann, du groupe des botanistes, les deux zoologues restant au Mitaraka. Mais, dès six heures trente, trois courageux marcheurs, Touini, Didier et Romule, quittent le camp pour aller chercher des vivres (riz et couac) jusqu'au dégrad de la crique Ouarémapann : cinquante kilomètres aller et retour qu'ils espèrent parcourir en quatre ou cinq jours ! Il était grand temps car certains ne faisaient déjà plus qu'un repas par jour pour économiser les réserves. Puis, c'est l'équipe d'ouverture du layon qui démarre dans l'autre sens, nous laissant seuls, tous les quatre, au camp.

Pour nous aussi, il y a des problèmes de nourriture et Max se lance dans la confection des doses quotidiennes de riz, conditionnées en petits sacs plastique. On se croirait dans une épicerie… Fort heureusement, cela permet de constater qu'il en reste encore suffisamment pour terminer la mission. Il n'en est pas de même, hélas, pour d'autres denrées comme les conserves (quatre boîtes de corned-beef pour plus d'un mois…Espérons que la chasse sera bonne !), le sucre, le lait, le café… Les cartouches de butane s'épuisent également. Le pétrole sera terminé ce soir et, plus grave encore, la forêt a eu raison de mes tennis neufs que je porte depuis le Koulimapopane. Ils sont maintenant bien usés, déchirés et méconnaissables. Sans doute me faudra-t-il terminer la mission en sandales plastique mais, elles aussi, sont cassées. Quant aux cartouches pour la chasse, elles sont sérieusement rationnées. Enfin, comme il ne reste plus que deux paquets de papier pour herbier, quelques pages encore vierges sur mon carnet et deux pellicules photo, nous serons bientôt dans le dénuement total et peut-être même ne me sera-t-il pas possible d'atteindre la borne frontière n°1. Tout cela n'est pas pour nous remplir d'optimisme...

Jean-Pierre, qui est parti depuis deux heures en quête de gibier, fait entendre trois coups de fusil. Le voilà bientôt qui revient, dans un rayon de soleil, avec un « baboune » (singe hurleur) à la fourrure écarlate et brillante, sur ses épaules. Dans sa main gauche, il tient un toucan. Tout cela ne finit malheureusement pas dans nos assiettes mais...dans le formol ! Les deux amérindiens partis hier viennent d'arriver du camp où ils sont allés chercher leur couac et racontent qu'ils ont tué un « gros jaguar ». Malheureusement, ils ont laissé la peau sur place. Claude et moi nous escrimons depuis ce matin à mettre des braises dans une vieille « bombe » à biscottes en fer, installée dans le four à la place du réchaud à pétrole. Il faut bien arriver à sécher les plantes avant que Didier rapporte du combustible. Mais c'est une opération trop longue et peu concluante à un tel point que...le four commence même à prendre feu !

Quinze heures... Max et Jean-Pierre sont assis sur le banc, derrière une des tables en troncs de pinots qui leur sert de paillasse de laboratoire. Au milieu de leurs petits instruments et de leurs fioles, ils dissèquent allègrement des lézards. Bientôt, voici Burgot qui revient seul avec Simon, mais pourquoi si tôt ? Il souffre beaucoup d'un genou enflé et n'a pu poursuivre son travail... Sans doute est-ce une conséquence des excès de marche et de fatigue. De plus en plus, je me pose la question : ira-t-on jusqu'au bout ? Tous les jours, c'est le portage et la marche harassante et, bien souvent, la limite de la résistance humaine est atteinte...

En fin d'après-midi, je me hâte d'aller dessiner et photographier un arbre géant qui se dresse de l'autre côté de la rivière, à cent mètres du camp. Ses contreforts, qui montent jusqu'à seize mètres le long du tronc, lui donnent une circonférence de vingt-cinq mètres à la base. Sa hauteur approximative, mesurée non sans mal au dendromètre, serait d'une soixantaine de mètres. Puis, juste avant la tombée de la nuit, voilà l'équipe d'ouverture du layon qui est de retour. Ils n'ont pas encore atteint le Toukouchipann !

Jeudi 17 août

Le programme est retardé d'un jour et nous ne pourrons pas déménager aujourd'hui. Burgot est obligé de « garder la chambre » toute la journée et Claude laisse transparaître une mauvaise humeur évidente au sujet de ce retard. Il ne pourra même plus aller, comme il l'espérait, jusqu'au Sommet en Cloche, son programme jusqu'au départ à Paris étant maintenant arrêté au jour le jour.

Nous nous consolons en allant prospecter le versant sud du Mitaraka sud. Au retour, je propose un petit détour par le sommet afin de changer de place le thermomètre-hygromètre enregistreur. Lorsque nous débouchons sur la roche, le Mitaraka nord se présente sous un aspect étonnant : un peu à contre-jour, ses flancs de granite nu brillent d'une multitude de traînées verticales dues à une averse récente… Au loin, des nuages blancs sont accrochés en dessous des sommets. Hélas, le feu brûle toujours sur la savane et une grande partie de la lisière s'est consumée… Le retour au camp s'effectue à une telle vitesse que nous ne mettons qu'une heure depuis le sommet.

Le soir, l'équipe d'ouverture du layon nous annonce être enfin arrivé au pied du Toukouchipann.

VERS LA BORNE NUMÉRO 1

Vendredi 18 août

Treize heures… Nous marchons, marchons, marchons sous une pluie battante, courbés sous les sacs à dos et drapés dans nos imperméables. Depuis hier soir, des orages ont éclaté et, toute la matinée, ce fut une succession de grains nous obligeant à sortir et rentrer sans arrêt les cirés du sac. L'étape doit être longue (huit ou neuf kilomètres) et nous sommes partis tôt après avoir dévoré l'aïmara tout frais pêché miraculeusement d'un coup de sabre, dans la rivière devant le camp. La pluie de cette nuit ayant fait monter l'eau, il s'était aventuré un peu plus bas, atteignant cette zone où il n'y a que très peu de fond. Les adieux aux zoologues ont été rapides et, très vite, nous attaquions la côte rendue glissante par la pluie, la crête du Mitaraka puis la longue descente du versant sud jusqu'à la crique Alama que l'on entend gargouiller, sans la voir, dans un énorme chaos granitique franchi sur des ponts en troncs de pinots.

Nous traversons maintenant une sorte de savane-roche, de végétation basse et buissonnante qui pleure sous le déluge… Nous glissons, trébuchons, jurons. Les reliefs des semelles de mes tennis sont complètement usés et la surface lisse du caoutchouc se comporte sur l'argile comme skis sur neige… C'est du sport ! Nos pantalons et chaussures sont naturellement trempés mais j'apprécie mon suroît qui abrite bien le visage. Tout en marchant comme un automate, je n'arrête pas de penser… Irai-je jusqu'au bout ? N'irai-je pas ? Y aura-t-il assez de papier, assez de vivres ? Les problèmes deviennent tous les jours plus lancinants. Et puis, comme les autres, je commence à avoir la nostalgie de Cayenne et de mon foyer. J'aspire au retour, non sans imaginer avec effroi tout le chemin ardu qu'il restera à faire dans l'autre sens…et avec quelles chaussures ? Je n'arrête pas de penser… Comment peut être ma fille maintenant ? Que se passe-t-il là-bas ? Les envies de nourriture variée se font de plus en plus précises et j'évoque quantité de bons repas à la maison, ou en famille dans le petit restaurant de Lorgues, il y a un an exactement…

Une halte, un rayon de soleil, un peu de repos, la sueur s'évapore, la pluie cesse, je reprends mon souffle et j'oublie tout ça. Oui, j'irai jusqu'au bout ! Après tout, pourquoi pas si les santés continuent à être bonnes… Un colibri bourdonne sur place, tout près de moi. Il guette un papillon posé au sol, fonce dessus et le saisit dans son bec. Ils sont aussi gros l'un que l'autre et l'on se demande qui entraîne l'autre. Je ne les vois plus. Ils disparaissent d'un vol désordonné derrière les feuilles mouillées qui brillent.

Quinze heures… Voici une descente vraiment acrobatique. Heureusement qu'il y a des arbres pour se retenir ! En bas, c'est le camp qui se construit. L'emplacement n'est pas bien sympathique, contre une pinotière, dans la boue et, malgré tout, il y a un minuscule filet d'eau où l'on peut à peine remplir une gourde. Georges entreprend la construction d'un petit barrage en troncs de pinots et feuilles d'« awara-mon-père » (palmier) colmatés avec de la glaise afin d'avoir un bassin d'eau boueuse, ce qui est mieux que rien du tout.

Près du feu qui vient d'être allumé, il fait merveilleusement bon et je bavarde avec mon compagnon, Claude. Dans trois jours, il ne sera plus là. Je grelotte bien que le thermomètre marque vingt-trois degrés. Nous préparons une purée bien chaude. Le tonnerre gronde sans cesse et c'est de nouveau la pluie. Après avoir étalé quelques plantes, il ne reste plus qu'à se réfugier dans le hamac. Le duvet réchauffe agréablement le corps… C'est la première sérieuse journée de pluie depuis le début de la mission et cela me rappelle Atachi-Bacca. Pour les autres, c'est une bonne chose car l'eau va monter dans la crique Ouarémapann et le problème du retour sera moins grave. Nous sommes ici à moins de cinq cents mètres du Toukouchipann qui se profile derrière les cimes des pinots. Demain, nous en tenterons l'ascension.

Samedi 19 août

Sept heures… Les jambes me font mal. À travers la moustiquaire, je sens le froid humide qui stagne sur la pinotière : nous sommes à cinq cents mètres ! Par bonheur, il ne pleut pas mais le ciel est couvert. Depuis hier, rien n'a séché : le sac à dos, les chaussettes, les tennis (du moins ce qu'il en reste !), le jean…tout est trempé. Dans les deux carbets voisins, les hommes se réveillent et raniment le feu où quelques braises rougeoient encore. Comme il n'y a plus de café, nous faisons du riz, juste la moitié de la ration préparée d'avance par Max, gardant l'autre moitié pour midi dans un sac plastique. Avec de l'eau boueuse puisée dans le marigot qui s'est formé derrière le barrage de Georges, un peu de lait (il en reste encore !) et du sucre, cela fait un riz au lait bien chaud qui donne l'impression de nourrir… Nos hommes se contentent, comme d'habitude, de hocco froid avec du couac à l'eau, avant de poursuivre l'ouverture du layon. Seul, Pinel reste pour nous accompagner au Toukouchipann.

Le départ commence par un pataugeage « maison », suivi d'une descente d'argile rouge et grasse plus glissante que jamais. D'énormes rochers forment des masses arrondies, des chaos, des parois verticales, d'étroits corridors où l'on se faufile. Puis, c'est la crique qui murmure entre ou sous les rochers. Là, il nous faut passer dans une sorte de caverne obscure de dix mètres de long, en marchant pliés en deux car le « plafond » est bas. La pénombre qui y règne ne permet pas de faire de photos. Je recherche toujours, dans ce genre de lieu, des gravures rupestres, des outils abandonnés, mais aucun indice ne témoigne de la présence passée ou actuelle de l'homme. Après une nouvelle côte, nous arrivons au pied du Toukouchipann dont les parois, presque verticales, viennent plonger, sans transition aucune, dans les arbres de la forêt. Sur le granite noir et nu, s'accrochent par endroits des touffes de longues herbes, brillantes et vertes, qui pendent dans le vide. De ce côté, l'ascension n'est, bien sûr, pas envisageable et nous faisons progressivement le tour, abordant une forêt basse et claire, bien caractéristique des zones de transition vers la savane. En effet, voici bientôt la pente ensoleillée couverte de hautes herbes mêlées à des « ananas sauvages ». Nous commençons à nous y engager jusqu'à une petite falaise dont l'ombre propice permet d'étaler les plantes et de casser la croûte. Oh, très succinctement : juste une poignée de riz froid extirpée d'un sac plastique et additionné de concentré de tomate ! Et puis, je décide de tenter l'ascension, suivi de Claude et laissant là Pinel. Sabre en main, j'essaie de me frayer un chemin dans les « ananas sauvages » qui sont d'une incroyable densité et dont les longues feuilles entremêlées laissent par dizaines leurs épines dans la peau. Nous avons bientôt les bras et les jambes qui brûlent, tant ils sont lacérés. De plus, il n'y a pas d'autre moyen que de s'agripper à ces maudites feuilles épineuses car la pente est de plus en plus raide et même, bientôt, dangereusement abrupte… Pourtant, cela me semblait possible de ce côté mais nous sommes forcés d'abandonner, après avoir pris, de loin, une photo du Sommet en Cloche qui dresse derrière les arbres de la colline, en face, sa croupe arrondie à six cent soixante-quinze mètres. Ce sera la prochaine et avant-dernière étape.

Toukouchipann. L'auteur dans un chaos de granite.

En bas, nous retrouvons Pinel qui récolte imperturbablement des araignées pour Max. Sur le chemin du retour, nous faisons un long détour par une petite savane-roche aperçue depuis le Toukouchipann mais, ce que nous ne savions pas, c'est qu'il y a une crique entre les deux et il nous faut encore descendre une longue côte glissante dans la forêt avant de l'atteindre. J'y découvre, dans le granite, quelques polissoirs amérindiens. La faim tiraille l'estomac et m'affaiblit. Mes jambes endolories ne demandent qu'à s'arrêter. Pour comble, nous essuyons un bon grain avant d'arriver au camp. Quant à Claude, il est temps qu'il rentre au foyer. Son moral baisse, sa bonne humeur s'est éteinte et il donne des coups de poings rageurs dans les lianes et les obstacles rebelles. Il est vrai que c'est une lutte permanente contre les éléments et les bras travaillent autant que les jambes pour s'agripper, se hisser, se retenir, se dégager… Sur le layon, nous percevons le gloussement de plus en plus proche d'une troupe d'agamis. Ils trottinent sur le sol comme de petites dindes au plumage gris. Pinel se met à l'affût mais le gibier, hélas, se présente mal et s'éloigne. Dommage, j'avais déjà l'eau à la bouche !

Au carbet, il fait froid et tout est mouillé… Un seul point d'attrait : le feu ! Voici l'équipe d'ouverture du layon qui rentre fourbue. Ils ont rencontré de grandes brousses à « calumets », sortes de hautes graminées, enchevêtrées et denses, qui ralentissent considérablement le travail. Cela me fait froid de les voir se doucher d'une casserole d'eau puisée dans le petit barrage.

Vingt heures… Nous sommes enfin secs maintenant et nous bavardons tout près du feu, assis sur de grosses bûches, les yeux rivés sur les flammes qui dansent un ballet aux figures toujours renouvelées. Tout autour, c'est le gouffre noir, sillonné par de rapides lucioles pourvues de deux petits « phares » verts, de chaque côté du thorax. C'est très étrange… Des grenouilles font entendre quelques notes semblables à des grelots, le feu crépite… Claude et Georges évoquent des souvenirs de l'Oyapock, il y a quatre ans de cela. Nous sommes bien et nous oublions nos petits malheurs. Nous avons eu droit à quelques morceaux de perdrix, rôtis sur les braises, et assaisonnés d'une sauce marinade. Un plat digne d'un des meilleurs restaurants ! Le hocco au riz qui a suivi, certes moins raffiné, a fort heureusement comblé les vides de nos estomacs. Je m'endors serein, avec la perspective, demain dimanche, d'un bon jour de repos…

Dimanche 20 août

Les jambes me font encore mal et j'ai bien décidé, aujourd'hui, de marquer le coup en me reposant. Le camp est calme. Quelques-uns partent à la chasse, les autres rêvent en se chauffant devant le feu ou papotent doucement. Après le riz au lait du matin, Claude s'en va prospecter sur la montagne en face. Il fait soleil et, après une bonne nuit, le moral est bon. À travers les élégantes palmes des pinots qui brillent, je vois le ciel bleu et la silhouette phallique et dorée de soleil du Toukouchipann. La rareté de l'eau ne permet malheureusement pas de faire une bonne toilette mais j'utilise mon bol en plastique du petit déjeuner pour me raser et laver ma chemise ! Puis, je prends le temps d'écrire les lettres que je confierai à Claude après demain et qu'il emportera à Cayenne.

Il est midi. Un peu de hocco et le reste du riz de ce matin, réchauffés, me suffiront. Mais le démon de la botanique me reprend vite et me voilà parti récolter aux environs du camp…. Pas bien loin, mais de quoi faire une bonne douzaine de numéros d'herbier quand même. Le papier qui diminue vite me donne des inquiétudes. En aurons-nous suffisamment jusqu'au bout ? J'en doute… De son côté, Claude a récolté bon nombre de plantes et même un petit serpent corail qui fera certainement la joie de Jean-Pierre. En attendant l'arrivée du pétrole, nos gars ont construit un petit boucan, avec toit de palmes, pour sécher les plantes. Voici Georges qui revient avec trois macaques sur le dos. La soirée est calme et courte. À dix-huit heures, nous avons déjà mangé notre riz au macaque ; à dix-neuf heures trente nous sommes couchés ; à vingt heures, c'est le silence…

Lundi 21 août

Chaque jour, ma lassitude s'accroît et je compte les dates comme un écolier avant les vacances. Claude prendra demain le chemin du retour. L'objectif que nous nous sommes fixé aujourd'hui est une vaste savane-roche assez éloignée, à plus de la moitié du chemin de l'étape suivante. Je pars sans grand enthousiasme, peinant très vite dans les côtes. Claude aussi devient rapidement bougon et continue de pester contre ce qu'il appelle la « putasserie verte ». Pinel, bon enfant, nous accompagne avec la presse et le fusil. Mon « repellent » étant épuisé et n'ayant plus la possibilité de me laver, faute d'eau courante, je commence à être dévoré de tous côtés par les tiques dont les boutons et les démangeaisons me crispent. La flemme ne nous a fait partir qu'à neuf heures et la matinée est déjà bien avancée lorsque nous traversons les longues cambrouses à « calumets » à travers lesquelles l'équipe du layon a eu bien du mal à percer un chemin.

Après une interminable côte, l'air devient plus frais. Nous sommes à six cent mètres. Là, le layon, après quelques hésitations, redescend le long d'une pente abrupte, en sous-bois, vers le Sommet en Cloche que l'on distingue à travers les arbres. Nous obliquons maintenant à droite, vers la « bretelle » que Burgot a percée tout exprès vers la savane. Les habituels chaos granitiques sont présents, encore impressionnants. D'énormes blocs de rocher de vingt mètres de diamètre, fendus comme par un coup de marteau géant, forment de véritables gorges, d'autres avancent en surplomb ou encore sont entassés les uns contre les autres, laissant entre eux, des cavernes, des tunnels, des passages aux formes variées. Sur leurs parois, les fougères, les mousses et les sélaginelles prolifèrent. Le sentier les contourne ou passe en dessous, puis la forêt s'éclaircit et nos yeux exercés y reconnaissent rapidement une physionomie et une flore de lisière de savane. Celle-ci est très étendue et la luminosité nous surprend toujours. Chaque savane-roche a décidément un aspect différent. Ici, le rocher n'affleure presque nulle part. C'est une pente douce qui descend depuis la crête, couverte presque uniformément, sur près de deux kilomètres, de hautes graminées, mêlées à des « ananas sauvages », aux agaves, à quelques orchidées et gentianes bleues toujours très esthétiques. De ci, de là poussent de petits arbres trapus ou compacts, parfois défeuillés en saison sèche, comme cette Mélastomatacée que Claude trouve ici en fleurs pour la première fois. Certains sont en forme de parasols, très bas ; d'autres, coniques, ressemblent de loin à des sapins. Ce sont des *Clusia.* Derrière la savane et la vallée, de l'autre côté, sur les pentes des montagnes, la forêt est tachée par endroits par les étendues claires des cambrouses où quelques arbres épars, couverts de lianes, se dressent comme des chandelles. Vers l'est, le Sommet en Cloche nous domine de sa forme arrondie et massive. Un peu plus loin, à droite, nous reconnaissons le sommet où est implantée la borne n°1. Il paraît tout près et, pourtant, que de difficultés encore réserve cette terrible étendue verte et accidentée qui nous en sépare ! Pendant que Claude et Pinel vont à l'autre bout de la savane, admirer le panorama, toujours grandiose, je prends toute une série de photos, de notes et de schémas aux alentours. Dans les hautes herbes, de petits chemins bien tracés et jalonnés d'énormes crottins trahissent le passage des « maïpouris » qui semblent abondants dans la région. Je suis trop fatigué pour aller jusqu'au bout et, surtout, j'ai trop faim… La poignée de riz froid avec deux morceaux de macaque avalée tout à l'heure n'a fait qu'aiguiser mon appétit, devenu quasi permanent.

Seize heures… Il est grand temps de quitter les lieux, hélas, pour retourner au camp avant la nuit. Pinel a trouvé une énorme tortue qu'il laisse sur le chemin pour les autres.

En arrivant au carbet, à dix-huit heures, nous reconnaissons de loin, sans peine, la voix de Romule et le petit rire de Didier. Ils sont là !!! En six jours, ils ont parcouru soixante kilomètres et ont apporté le pétrole. Les nouvelles du dégrad de la crique Ouarémapann ne sont ni bonnes ni mauvaises. Comme je m'en doutais, l'eau est très basse dans la crique. Il parait que, dans les camps intermédiaires, les « tigres » ont fait quelques dégâts : ils ont dévoré la viande boucanée et même les têtes de singes conservées au formol par Jean-Pierre…ainsi que les poignées et la manette de la cocotte-minute de Romule ! Une surprise bien agréable nous attend : Didier a préparé pour nous un plat de cariacou (*Mazama gouazoubira,* sorte de biche) en sauce et de l'aïmara (pêché dans la crique Ouarémapann) frit aux oignons. Monter et mettre en route le four de séchage des plantes avant de toucher à ce festin est un vrai supplice, surtout pour des ventres affamés. Claude prépare une purée pour accompagner le tout et nous nous mettons à table. Je ne crois pas avoir passé de meilleur moment depuis plusieurs jours. Le poisson avec la purée est un régal et c'est une satisfaction enivrante de sentir l'estomac se remplir peu à peu. Nous nous endormons sereins…

Mardi 22 août

C'est la matinée des adieux. Bien avant le lever du jour, je perçois, à travers mes boules Quiès, des bavardages suivis, peu à peu, d'un certain remue-ménage. Le bruit des tôles ondulées qui servent au séchage des échantillons d'herbier achève de me sortir du sommeil. Il fait encore gris et frais mais, bientôt, le soleil pointe. Claude boucle son sac à dos. Mano, Simon et Pinel achèvent de ficeler leurs catouris puis les mains se serrent :

« - Bonne fin de mission ! »

« - Merci et bon retour… Bonjour à tout le monde à Cayenne »

« - Bon courage… Au revoir. Sans doute à Paris en 1974 ! »

Les deux Bonis démarrent, suivis peu après de Claude Sastre qui, pour une fois, a pu charger Mano de son sac à dos. Touini et Romule, sans prendre un jour de repos ni récupérer leur dimanche, leur emboitent le pas car ils doivent retourner au camp du Mitaraka chercher…encore du papier à herbier ! Burgot, Georges et Zeppina partent de l'autre côté poursuivre inlassablement l'ouverture du layon. La perspective de la fin proche leur donne du courage.

Seul, Didier reste avec moi au camp qui se trouve subitement silencieux et désert. Qu'allons-nous faire aujourd'hui ? À vrai dire, je me sens beaucoup mieux que les jours passés. Sans doute, le diner d'hier soir m'a-t-il redonné de l'énergie. Alors, pourquoi ne pas tenter l'ascension du Toukouchipann par la face nord. L'autre jour, nous n'avions pas pu le gravir en l'abordant vers le sud-est. Une heure plus tard, je me faufile sur un tracé difficile ouvert à grand peine par Didier, au pied de la paroi quasi verticale de deux cents mètres de haut qui nous domine et même, par endroits, nous surplombe de sa masse sombre et menaçante où, pourtant, s'accrochent désespérément quelques plantes. La rampe d'accès que nous suivons monte doucement le long de cette falaise, au milieu d'une inextricable végétation qui recouvre les rochers. À gauche, c'est la plaine, la forêt, au bas d'une pente abrupte qui se creuse toujours un peu plus derrière nous. Il faut se hisser en empoignant les racines, se baisser, ôter le sac à dos pour se glisser entre deux troncs couchés, faire des prouesses d'agilité pour gravir une pente granitique en évitant le filet d'eau central qui la rend glissante comme du savon. Les « tayoves sauvages » (*Dieffenbachia*) aux grosses et longues tiges charnues, gris clair, s'entremêlent et se dressent comme des serpents. Coupées par le sabre, elles laissent échapper une sève urticante. De temps à autre, nous voyons un agave en fleurs se profilant au soleil sur la falaise verticale de l'inselberg. Je regrette de ne pas avoir mon appareil photo chargé en couleurs pour immortaliser ces images. Puis, la pente s'adoucit et la fraîcheur sombre d'une petite forêt qui recouvre la plateforme que nous atteignons contraste avec la rudesse, aride et lumineuse de la rampe le long de laquelle nous venons de grimper. L'endroit est idéal pour mettre à plat les échantillons d'herbier récoltés et se reposer un petit peu.

Toukouchipann, la paroi et une inflorescence de *Furcraea foetida.*

À la lisière supérieure, commence une pente à cinquante degrés plongeant dans la forêt, couverte de buissons desséchés, d'« ananas sauvages » épineux et de gentianes bleues. Didier se fait fort d'atteindre le sommet par cette voie, moins verticale que les autres....toutes proportions gardées ! Il abandonne là son fusil, son sac côté et entame la dure escalade. Je le suis sans grand espoir pendant dix mètres mais, lorsque je lève les yeux et que j'aperçois le même paysage se prolongeant sur cent mètres au moins, je perds courage et décide d'abandonner... Nous n'aurons pas vaincu le pain de sucre du Toukouchipann ! Après avoir pris trois photos du paysage, nous redescendons par le même chemin. Au retour, j'aperçois, au loin, la crête du Mitaraka sud d'où s'échappe un volumineux nuage de fumée. Par moments, on distingue même les flammes ! Est-ce l'incendie allumée par Pinel il y a plus d'une semaine qui aurait résisté aux averses de ces derniers jours, ou les amérindiens auraient-ils refait la même bêtise ? Toujours est-il que, le vent aidant, le feu semble bien vigoureux. J'ose espérer que l'appareil enregistreur sera encore épargné.

À seize heures, nous sommes de retour au camp. Didier vient de tuer un macaque qui remue encore un peu la tête et pousse quelques soupirs… En remplissant le réchaud à pétrole du séchoir, mes inquiétudes renaissent. Le combustible sera sûrement épuisé avant le papier ! Il n'y a plus que cinq litres ici et autant au Mitaraka. J'élabore un plan de séchage serré pour les jours qui viennent. Décidément, le gros problème de cette fin de mission, c'est bien l'épuisement des réserves… Il ne faudra plus tarder à rentrer.

Des voix lointaines retentissent dans la forêt, en haut de la colline. Ce sont Romule et Touini qui reviennent du camp du Mitaraka. Très vite, la conversation tourne autour de « Minimum ». C'est le surnom, peu approprié, que nos hommes ont donné à notre grand et gros Max….non pas pour son gabarit, certes, mais pour son cache-sexe qui a laissé un souvenir tellement inoubliable et provoqué tant de quolibets que, depuis, il semble ne plus oser le mettre! Cela vaut la peine d'entendre retentir dans la forêt la voix grasse et tonitruante de Romule hurlant « MI-NI-MUM »en détachant bien les syllabes. Or, donc, il parait que « Minimum » et son compère Jean-Pierre Gasc (les « deux fous » qui ne ramassent que de vilaines bêtes, araignées, serpents, grenouilles et collectionnent les têtes de singes !) ont raflé la réserve de sel de tout le monde pour conserver la peau et la tête d'un gros jaguar qu'ils ont tué ! Cette initiative semble peu appréciée, à en juger par les bribes de conversations que je saisis au vol : *« roune grand moune conça, faire des bêtises… »*. Certains devront retourner jusqu'au camp intermédiaire chercher du sel ! Et puis, pour nos hommes, « Minimum », c'est le type un peu loufoque qui tient des serpents vivants à pleines mains, qui transporte (ou plutôt fait transporter) un incroyable et volumineux matériel, qui est toujours en retard, fatigué et perd son chemin… C'est le maniaque exigeant, toujours sur le dos de son « employé », un « emmerdeur » comme nous le déclare Pinel, son « souffre-douleurs », qui doit toujours charroyer la lourde caméra, récolter des araignées et rester à portée de main pour quelque éventualité. Bref, cet après-midi, les oreilles de Max doivent bien siffler ! Cette affaire de sel était de trop !

Dix-neuf heures.... Je suis toujours en admiration devant la gentillesse, le dévouement et la perpétuelle bonne humeur de notre équipe. Dans l'obscurité, Didier vient de me préparer en vitesse le plus jeune hocco de leur chasse, accompagné d'une remarquable sauce au poivre, aux herbes et à l'ail. C'est un vrai délice, merveilleusement tendre. Quant à Georges, qui se rationne en riz, il vient de m'en apporter une assiette débordante et bien chaude. Un verre d'eau fraîche est déposé devant moi. Eux, par contre, se contentent d'un macaque terriblement coriace. J'avoue que le hocco est passé presque entièrement dans mon estomac avec la gamelle pleine de riz !

Mercredi 23 août

Comme hier, je suis réveillé avant le jour par des bruits de feuilles écrasées, puis des faisceaux de lampes de poche.... Pourvu qu'un « tigre », alléché par la bonne odeur, ne soit pas venu dévorer le sac plastique dans lequel j'avais mis de côté, pour le casse-croûte de ce midi, quatre morceaux du délicieux hocco de la veille... Je suis vite rassuré car j'entends parler de tamanoir, de fourmilier... Impossible de retrouver le sommeil. Au bout d'un moment, d'une durée indéfinissable, les chants d'oiseaux annonçant l'aube se mêlent aux rugissements des « babounes » qui, toutes les nuits, font entendre leur sinistre concert. À travers les troncs des pinots, le soleil envoie maintenant un rayon sur ma moustiquaire. Une légère dysenterie, qui me contrarie depuis une semaine, achève de me sortir du hamac. Bien sûr, la pharmacie est à peu près complètement épuisée. Il n'y a même plus que quatre ampoules de sérum antivenimeux alors que la dose minimale injectable est, en principe, de six.

Mettant aujourd'hui le cap sur le Sommet en Cloche pour près d'une semaine, la meilleure chose à faire est de plier hamac, moustiquaire et duvet pour y voir clair. Un oiseau-mouche, toujours familier et agressif, comme il y en a tant dans la forêt, vient bourdonner à moins d'un mètre de moi, s'immobilisant dans l'air. Puis, il file comme une flèche. Après avoir ingurgité le riz au lait quotidien, je démarre le premier, sac à dos chargé à bloc. Il fait un soleil radieux mais l'air est encore très frais. La journée s'annonce belle. Je marche seul, à mon rythme, dans le silence vivant de la forêt qui me semble si belle ce matin, alors que j'ai retrouvé ma forme optimale. Arpenter les feuilles mortes, éviter les troncs pourris, enjamber les lianes, parer la glissade sont devenues choses si familières que je n'y prête même plus attention et que tout cela me semble « normal ». Je mesure cependant combien je suis loin de tout et je goûte ces instants privilégiés au milieu d'une nature si vierge que, si je n'étais pas là, je croirais que l'Homme n'existe pas encore ! Je pense sans regrets aux gens entassés dans les cafés, devant les « flippers » ou les « juke-box », courant dans le métro, montant ou descendant dans les ascenseurs d'où l'on ne voit rien, se pressant sur les trottoirs gris et mouillés, entre des blocs de ciment gris, eux-mêmes vêtus de gris. Je pense aussi à ceux qui sont, en ce moment, nus, graissés, roses et parfumés, alignés côte à côte sur un étroit banc de sable d'importation au bord d'une mer souillée, ou bien encore à ceux qui sont agglutinés sur le goudron des autoroutes, écoutant le transistor dans leurs « boîtes à fumées », en longues files indiennes...comme ces fourmis que je vois à mes pieds.

Je suis tiré de ma rêverie par les gloussements d'une troupe d'agamis qui se promènent dans le sous-bois. Dans la voûte, l'éternel « payayo » fait entendre son sifflement sonore sur deux notes. J'arrive au bord d'une crique d'eau claire et bien fraîche qui coule sur du sable, idéale pour remplir la gourde. Les hommes me rattrapent et me dépassent. Après cent mètres de marécage, au milieu des pinots, je sais qu'une longue côte m'attend. Je monte comme un automate pendant une heure, sans trop peiner. Cependant, la sueur dégouline et envahit mes lunettes. Voilà enfin le sommet, avec de gros blocs de granite arrondis, comme posés au hasard dans le sous-bois. Un coup d'œil à l'altimètre indique six cent quarante mètres. Nous sommes partis de quatre cent cinquante mètres…

Après dix minutes de repos, c'est la descente vers l'est. La forêt est majestueuse et, sur le camaïeu vert, ressortent les troncs noirs des palmiers « mourou-mourou » avec leurs épais manchons de longues épines. Ils se dressent jusqu'à dix mètres, épanouissant leurs couronnes de grandes palmes en parapluie. Je franchis une petite savane-roche, avec sa bouffée d'air étouffant et sec, puis c'est à nouveau la fraîcheur des hautes sylves. Je m'installe assis par terre pour piqueniquer. Le chemin continue de descendre jusqu'à ce que j'aperçoive la masse arrondie du Sommet en Cloche, tout près, derrière les arbres. Sept cents mètres plus loin, j'arrive au camp.

Ce soir, je suis obligé d'écourter la séance d'écriture au hamac car, avec la lumière, les éphémères se font envahissants. Ce n'est pas un mal : demain, il faut partir tôt pour gravir le Sommet en Cloche avant les heures brûlantes…

Jeudi 24 août

Chants plaintifs des oiseaux, craquements du bois mort sous le sabre : la forêt s'éveille. Burgot alimente le feu sur lequel il met à cuire ma ration de riz pour le petit déjeuner et le déjeuner.

Huit heures… Je pars avec Didier et Touini. Le Sommet en Cloche est un immense dôme de plus de deux cents mètres de haut et d'un kilomètre de diamètre à la base. L'ascension sur une pente de granite à quarante-cinq degrés en est assez ardue car nous sommes à la limite d'adhérence des pieds ou des chaussures. Pourtant, mes tennis rafistolés hier soir avec de la ficelle (pas trop car il n'y en a presque plus !) tiennent bien le coup. Parfois, il faut s'aider des mains et grimper à quatre pattes. Lorsque la pente devient trop forte, on doit préférer au rocher nu les plaques d'« ananas sauvages » épineux où le pied se plante bien sans glisser. Pour une fois, nous ne souffrons pas du tout de la chaleur car le ciel est gris et le vent plutôt frais. L'aspect du paysage est d'ailleurs tout à fait inhabituel et photogénique, avec un plafond de nuages bas où disparaît la tête du Toukouchipann.

Sur le sommet en cloche, Touini et Didier. Dans la brume, le Toukouchipann.

Plus nous montons, plus l'air est humide et brumeux et plus le vent fraîchit. Au sommet, la forêt s'étale sur un plateau bordé d'une forêt sèche. Par endroits, se profilent, sur le fond gris clair et lumineux des nuages, les silhouettes tortueuses d'arbres défeuillés aux branches chargées de Broméliacées aux rosettes de larges feuilles vert clair.

Nous avons tout le temps de travailler jusqu'à midi, heure où le brouillard se lève enfin pour faire place à un soleil écrasant qui redonne aux savanes l'aspect et la température que nous leur connaissons. À l'ombre maigre d'un petit *Clusia*, avec une vue imprenable sur le Toukouchipann et, plus loin, le Mitaraka, je grignote riz et hocco préparés par Didier en quantité si abondante que je peux généreusement en faire profiter mes deux compagnons. De l'autre côté, vers l'est, la montagne allongée où se trouve la borne frontière n°1, terminus de notre expédition, apparaît maintenant presque au premier plan. Beaucoup plus loin, par contre, le Pic Coudreau, baptisé par nos gars « tête fendue », dresse ses deux sommets pointus dans la brume bleutée.

Au loin, le Pic Coudreau du sud.

La descente, plus acrobatique encore que la montée, est cependant moins fatigante. Peu après nous, l'équipe d'ouverture du layon réintègre le camp avec un « cochon-bois ». Ils ont également tué un « tigre rouge » (puma) de bonne taille qui, à trois mètres de Romule, s'apprêtait, paraît-il, à bondir sur lui.

Vingt heures.... Tout le monde est déjà couché et digère le repas en bavardant tranquillement d'un hamac à l'autre. Soudain, c'est le branlebas de combat ! Un redoutable grage vient de se manifester derrière un carbet. Il est aussitôt pris en chasse et coupé en morceaux de trois retentissants coups de fusil. Il est surprenant de voir la peur-panique qu'ont ces hommes, pourtant des forces de la nature et « robinsons » de la forêt, devant un serpent. Puis, tout se calme et les conversations s'éteignent pour faire place aux ronflements. Les insectes chantent tout autour et, au loin, résonne un bruit de grelot que, précisément, les guyanais appellent le « chant du grage ». En vérité, il proviendrait d'une inoffensive rainette !

Vendredi 25 août

Nuit agitée, d'abord par un orage diluvien, puis par des accès de dysenterie m'obligeant à me lever deux fois. Au réveil, j'ai eu la mauvaise surprise de trouver deux centimètres d'eau dans le fond de mon sac à dos, mal rangé la veille au soir. Pour Didier, Touini et moi-même, ce fut une journée comme les autres et sans surprise. Nous sommes retournés dans la même savane-roche où nous étions allés avec Claude le 21 août. Pour les hommes de l'équipe d'ouverture du layon, ce fut, par contre, un jour marquant car ils ont enfin atteint la borne frontière à treize heures trente. On peut donc ranger la boussole et le Topofil, sinon les sabres,...jusqu'à la prochaine expédition !

Samedi 26 août

L'horizon rougeoie derrière la chaîne des Tumuc-Humac. Dans un ciel pur d'un bleu rosé, progressivement dégradé du plus clair au plus sombre, le soleil, déjà disparu, projette un rayon vertical qui semble jaillir des montagnes. Trois cents mètres plus bas, c'est l'obscurité des sylves moutonnantes où retentissent toutes sortes de cris et de sifflements. Instant suprême où nous sommes tous trois, Touini, le « noir », Didier, le « rouge » et moi, le « blanc », silencieux, mollement assis sur le granite rugueux et encore chaud, à contempler cet émouvant spectacle : la nature vierge, dans toute sa splendeur, s'endort sous les derniers rayons. Les Tumuc-Humac s'alignent juste en face : le Sommet en Cloche et, derrière lui, le Toukouchipann et, plus loin encore, le Mitaraka. À droite s'étendent les vallonnements de la haute Guyane et, à gauche, l'immense plaine du bassin amazonien. Au premier plan, se profilent des orchidées, telles de petites danseuses crépusculaires figées dans leur élan.... À quelques mètres derrière nous se dresse la borne frontière n°1 entre la Guyane et le Brésil, pyramide tronquée d'un mètre et demi de haut, en ciment. À côté d'elle, gît la bouteille de Moët & Chandon bue par l'équipe Hurault & Fresnay, il y a juste dix ans, lorsqu'ils ont coulé la borne. Elle est encore intacte mais....hélas vide ! C'est un jour inoubliable car nous venons d'atteindre le point le plus éloigné de notre mission...

Depuis la borne n°1, sont alignés, le Sommet en Cloche, le Toukouchipann et le Mitaraka.

Partis tous ensemble ce matin, après quatre heures d'un parcours forestier assez pénible agrémenté de marécages, nous avons atteint la base de cet énorme dôme de granite, gravi ensuite sous le soleil de midi. Burgot, Georges, Romule et Zeppina ne nous ont quittés qu'après la traditionnelle photo témoin et souvenir, tous figés et alignés de part et d'autre de la borne, l'air terriblement sinistre, sur un fond de fleurs et de montagnes. Et puis, Didier et Touini sont restés seuls avec moi pour passer la nuit sur le sommet, ce qui nous vaut ces rares moments. Ils ont certainement dû vaincre leur peur des « tigres », du terrible et légendaire « janao » et de tous les mythes relatifs aux montagnes pour y parvenir. Tant mieux ! Si, toutefois, nous sommes restés là, c'est qu'il y avait quand même de l'eau quelques trente mètres plus bas, suintant en mince filet et s'accumulant dans des cuvettes de rocher au point de former de véritables petites baignoires bien tièdes. L'après-midi fut chaud et je l'ai passé à arpenter cet extraordinaire vallonnement de granite nu, noir et brûlant, ressemblant à des dunes pétrifiées, un peu doré sous le soleil déclinant. C'est un étrange spectacle qui change de celui des autres dômes que nous avons visités jusque-là.

La roche est curieusement modelée, creusée par les rigoles d'érosion et, mystère de civilisations passées, ornée par endroits de grands motifs réalisés à l'aide de pierres plates assemblées bord à bord représentant des silhouettes d'hommes, de lézards, de tortues, de serpents. Il y a même un alignement qui descend la pente en ondulant sur près de cent mètres. Sans doute n'était-cela qu'un lieu de culte car il ne reste aucun vestige de village, de poteries et d'outils.

Un échantillon des pétroglyphes découverts par Hurault en 1963. Figure humaine.[1]

De part en part, il y a des îlots de végétation herbacée et de petits bosquets. C'est dans la forêt claire et rabougrie qui recouvre une partie du sommet que nous avons installé notre bivouac, bien sommaire : juste trois hamacs tendus entre les petits arbres et, pour seul mobilier, mon sac à dos et les deux catouris. L'endroit est bien sympathique, inhabituellement sec et lumineux en comparaison de nos camps précédents, établis en forêt dense. Il reste à souhaiter que la pluie ne vienne pas troubler la fête car il n'y a pas d'abri !

---

[1] J.Hurault, P.Frenay, Y.Raoux. 1963. Pétroglyphes et assemblages de pierres dans le sud-est de la Guyane française. Journal de la Société des Américanistes, 52 : 157-166.

Seule ombre au tableau jusque- là : la chasse est nulle et nous avons dû nous contenter d'une boîte de corned-beef que j'avais eu la bonne idée d'emporter, avec du couac et de la purée en flocons. Il fait presque nuit maintenant et il n'y a que quelques pas à faire pour aller de la « salle de spectacle » à la « chambre à coucher »…au milieu de laquelle Didier allume un grand feu. Avant de se coucher, Touini renifle un bon coup de son jus de tabac et de cendres, mélangé à de l'eau dans une petite boîte de conserves puis, une fois au hamac, Didier lui donne une leçon de portugais. Les flammes baissent. Il fait beaucoup plus chaud que dans la forêt bien que nous soyons à six cents mètres et j'ai du mal à supporter le duvet. Dans un ciel sans nuages, la lune resplendit et inonde le paysage de sa lumière blanche. Je finis par m'endormir….

Dimanche 27 août

Des gouttes d'eau froide sur le visage me sortent brutalement du sommeil… Il est quatre heures et quart… Horreur ! Il pleut et la moustiquaire est instantanément traversée. Oh, ce n'est pas une forte pluie mais un épais brouillard qui se transforme en crachin. Trop tard, déjà, pour plier le hamac qui est mouillé et que je dois quitter à contre-cœur. J'enfourne mon duvet dans le sac étanche tandis que mes deux compagnons roulent leurs couchages dans des sacs plastique et raniment la flamme. Me voilà aussitôt debout devant le feu, au milieu de la nuit, en slip et veste de pyjama, avec mon grand suroît rouge sur la tête ! La scène est cocasse. J'admire une fois de plus la perpétuelle bonne humeur de Didier : il chante sous la pluie ! Cela dure deux bonnes heures. Heureusement que le feu nous réchauffe bien.

Le but est atteint. Borne n°1 entre le Brésil et la Guyane.
De gauche à droite, Zeppina, Touini, Burgot, Georges, Romule et Didier.
Au premier plan, l'auteur, Jean-Jacques de Granville.

Six heures… Le jour pointe et nous fait découvrir un océan de brouillard. Je m'aperçois que j'ai oublié le pot de café soluble. Nous faisons chauffer de l'eau dans la vieille boîte de cartouches qui nous sert de casserole… Avec un reste de lait en poudre et du sucre, dans le bol en plastique maculé des restes de purée d'hier soir, c'est bon quand même !

Six heures vingt… Les cigales se réveillent…puis les oiseaux. Je vais sur le rocher, à côté de la borne, où j'oublie vite tous ces petits malheurs. Le spectacle est d'une beauté magistrale. Entre les nappes de brouillard qui défilent à toute vitesse, j'aperçois la mer de nuages, comme des paquets d'ouate qui se détachent de la forêt, en bas. Vers l'est, le ciel s'embrase et, derrière les arbrisseaux défeuillés, le disque rouge du soleil émerge des nuages. Dans la lumière orangée qui frise le sol mouillé, les fleurs, les feuilles, les toiles d'araignées sont auréolées de milliers de gouttelettes d'or. L'air est frais, la roche semble dorée, les assemblages de pierre des ancêtres prennent un relief particulier sous le soleil rasant… Maintenant, il s'élève dans le ciel, les nuages sont montés à notre niveau et l'on ne voit plus rien. Le spectacle a duré une demi-heure pendant laquelle j'ai impressionné un rouleau entier de pellicule. Et puis, je passe la matinée à herboriser pendant que les affaires sèchent sur le granite, jusque vers dix heures lorsque la pluie vient nous chasser définitivement.

Quatorze heures.... De retour au camp, Didier, qui a tué deux agamis, m'en prépare un en « rôti cognado » ce qui signifie textuellement, en brésilien... « rôti beau-frère » ! Pourquoi ? Toujours est-il que c'est délicieux et que je le dévore entièrement avant de m'affairer, une fois de plus, au séchage des plantes.

Lundi 28 août

C'est lundi mais...pour nous trois, ce sera dimanche ! Je décide de prendre un jour de repos pendant que Burgot et son équipe quittent le camp pour le Toukouchipann où nous les rejoindrons demain. La journée est donc bien paisible et, comme le pétrole est épuisé, je me dérange toutes les dix minutes pour régler le feu de bois sous le paquet de plantes à sécher. Ce soir, le tonnerre gronde sans répit.

Le retour

Mardi 29 août

Nous voilà sur le chemin du retour ! Je grimpe en soufflant la longue côte...une parmi tant d'autres qui nous attendent encore jusqu'à la crique Ouarémapann. Didier et Touini m'ont devancé. Sans doute l'espoir de trouver une marmite pleine en arrivant au camp leur donne-t-il des ailes car il n'y a pas eu de chasse hier et, si le corned-beef était encore au menu du dîner, ce matin, ils sont partis le ventre vide. Un remue-ménage de feuilles froissées et de petits cris au-dessus de moi me fait lever la tête. Ce sont des singes qui semblent protester. Ils ont une grande queue en panache et une barbe. On les appelle « maman-rassi »...Le reste du chemin n'offre pas de surprise pour moi qui l'ai déjà parcouru trois fois. À onze heures trente, nous arrivons au camp du Toukouchipann où Burgot est déjà fort affairé à préparer les récoltes botaniques de ce matin.

Autant profiter de l'après-midi ensoleillé pour se reposer mais il est bien difficile de se concentrer pour lire ou écrire dans le hamac, au milieu des rires gras et des conversations hurlées qui tournent toujours autour des mêmes sujets : les histoires de canots, de missions, de passages de sauts (avec nombreux bruitages à l'appui), ou bien les coucheries, les « bals-doudous », les pantalons pattes d'éléphant et aussi (très important), les prix comparés des victuailles et des vêtements à la mode au Prisunic et dans les différents magasins de Cayenne...ou bien encore les bagarres au couteau avec les brésiliens ! Enfin, tout se calme, chacun partant à la chasse de son côté car il n'y a toujours rien pour le dîner.

Quinze heures.... Didier arrive avec un agouti (*Dasyprocta leporina*, gros rongeur diurne), suivi de peu par Romule dont l'air réjoui et la petite main noire et poilue qui sort de sa musette trahissent la présence d'un cadavre de couatta. Quant à Touini, il rentre bredouille. Nous aurons donc de la viande au dîner mais avec du riz blanc car l'assaisonnement se fait rare : il n'y a plus d'oignons, plus d'épices, plus de sel. Il semble qu'il y ait, à nouveau, quelques problèmes de manque de vivres. Il ne nous reste plus que pour une semaine de riz alors que, si l'on suit mon programme, le retour au camp de base devrait encore durer douze jours. Sans doute, faudra-t-il écourter... De toutes les façons, il n'y a plus un brin de ficelle pour empaqueter les colis de plantes sèches ! Malgré ces pénuries, la bonne humeur règne en permanence. Didier chante l'éternel refrain de cette mission, à faire frémir des oreilles chastes : « *Aïe doudou...yé pa ! Doudou, coucoune a ou doux...yé pa ! Machiner qua machiner ou...yé pa ! Tourner virer...yé pa ! Mouliner, mouliner, mouliner, mouliner ou...yé pa !...* » etc... Georges, de son côté, entonne un de ses airs favoris en ce moment : « *Paulo pas quitter moin, Paulo pas laisser moin, Paulo pas qué aller marier... C'est pas belles robes qua manquer moin, c'est pas colliers qua manquer moin....* » Et puis, suit toute une série de refrains de carnaval repris en choeur par Georges et Romule. Touini s'arrose, à l'aide de sa gamelle, avec l'eau trouble du petit barrage... La nuit tombe, l'agouti mijote et je tire une flemme monstre dans mon hamac. Maintenant que l'essentiel du programme est rempli jusqu'au bout du layon, après un mois de labeur acharné, je ne serais pas fâché non plus de rentrer au plus vite. Mes rêves de festin, de steak saignant, de fondue au chocolat, de pizza, de soufflé et même de pain et de beurre frais sont toujours très tenaces...

Mercredi 30 août

Neuf heures trente.... Assis sur un tronc pourri, je rédige quelques notes en reprenant mon souffle. Il y a deux heures, nous avons quitté définitivement le camp du Toukouchipann. Les hommes m'ont tous devancé depuis bien longtemps et je suis seul dans la forêt. Je n'ai cependant pas vu beaucoup d'animaux...juste un singe et quelques agamis. Le layon est maintenant tellement piétiné que je peux le suivre sans aucune hésitation, tout en récoltant et en regardant autour de moi. C'est bientôt la crique Alama. De magnifiques fleurs de passiflore, blanches et violettes, au parfum capiteux, jonchent les feuilles mortes, tombées de la canopée. Je m'arrête pour en faire une macro-photo.

Le compte à rebours des bornes hectométriques posées par Burgot continue. Le chemin me parait beaucoup moins pénible que lorsque nous l'avons parcouru sous la pluie, il y a douze jours. Il est vrai qu'aujourd'hui, le soleil brille et le sol est nettement moins glissant. Heureusement car mes « restes » de tennis n'offrent plus aucune adhérence et leurs semelles sont copieusement fendues en dessous. Voici une petite crique, seul point d'eau du parcours avant la longue côte en pente douce du Mitaraka sud. Il est onze heures... Je mange une demie boîte de corned-beef. Il n'y a toujours personne... À la vitesse où ils sont partis ce matin, ils doivent être arrivés depuis longtemps. Dans deux heures, j'y serai à mon tour. Je monte tranquillement lorsqu'une série de grondements menaçants, tout proches et à intervalles réguliers, me fait dresser les cheveux sur la tête et presser le pas. Cette fois, ce ne sont pas les singes hurleurs mais sans doute un « tigre » ! Derrière l'écran végétal, on ne voit rien. Sans fusil, je suis fichu s'il m'en veut mais, au fur et à mesure que je m'éloigne, les grognements s'estompent. Je me retourne plusieurs fois afin de m'assurer qu'il ne me suit pas. Dans cette éventualité, il me reste une demie boîte de corned-beef pour...calmer son appétit !!!

Et puis, voilà le sommet. Une nouvelle halte n'est pas superflue avant d'entamer la descente. À treize heures, comme prévu, j'atteins le « camp aux sept cases » que Max, Jean-Pierre et Claude ont laissé plutôt en désordre. Papiers sales, boîtes vides et sacs plastique gaspillés jonchent le sol ! Sur une des tables, une trentaine de piluliers vides sont restés là. Je constate, par contre, avec satisfaction, qu'ils ont laissé une quantité de riz inespérée. Par terre, sur une boîte rouillée, je découvre un petit mot laissé à mon intention sur lequel je peux lire : « *Cher J.J., tout ce qui reste est abandonné... Nous sommes partis chargés comme jamais, après de grands palabres car personne ne voulait porter les pièces zoologiques formolées ! Max a emporté le Widelux. Il le laissera dans une boîte au dégrad. Attention au jaguar blessé dans le Mitaraka sud ! Bonne chance. Amitiés de J.P. Gasc* ». Je comprends, à présent, l'origine des grognements entendus tout à l'heure !

Dix-huit heures.... Ding....ding....ding.... Didier, avec son éternel calot taillé dans la jambe d'un vieux pantalon perché sur le crâne, la mine réjouie, la moustache épanouie, le ventre brillant et proéminent, sonne le dîner sur le couvercle de la grande marmite. Au menu, il y a trois perdrix en sauce. C'est un mets de choix. Aussitôt, les silhouettes, gamelles à la main, émergent de l'ombre des carbets pour venir s'installer sur les deux bancs où nous tenons tous les six. Avec les effectifs réduits de moitié, nous sommes vraiment très au large dans ce camp luxueux et je me prélasse dans un carbet pour moi tout seul, équipé d'une petite table de chevet.

Jeudi 31 août

Dix-huit heures.... Le camp est plein de vie. Didier, qui fabrique une flèche, n'ayant plus que dix cartouches, converse en portugais avec Romule et Georges qui est absorbé dans la vannerie d'un catouri. Burgot, seul dans son coin, fabrique des balais en lianes franches, tandis que Zeppina et Touini bavardent sous leur carbet. Les marmites de couatta et de hocco mijotent sur les braises... Quant à moi, je profite de la table jusqu'à la dernière minute.

Ce matin, alors que les hommes effectuaient déjà un premier voyage de matériel vers le camp du « kilomètre 10 », je partais avec Didier sur le Mitaraka sud récupérer l'appareil enregistreur et récolter quelques plantes vivantes pour les serres. La journée débuta par un remarquable tableau de chasse : quatre hoccos et un agami. Sur le rocher, nous nous sommes assis dix minutes pour contempler une dernière fois le merveilleux paysage. Au retour, à treize heures, tout le monde était déjà là avec, en plus, un couatta et un marail (*Penelope marail,* gros oiseau arboricole). Torturé par la faim malgré le copieux riz au lait du matin suivi de quelques morceaux de perdrix, j'engloutis sur le champ un sachet de purée pour quatre personnes puis, quelque temps après, un demi-hocco rôti sur les braises… De quoi attendre le dîner qui ne saurait tarder ! En effet, voilà Didier qui, après avoir subtilisé mon assiette comme d'habitude, me la rapporte, débordante des meilleurs morceaux d'un hocco en sauce qu'il a choisis pour moi. Je n'ai même plus de place pour mettre le riz ! Enfin, ce soir, je suis quand même rassasié et je marque le coup en fumant une bonne pipe après avoir placé dans la lampe la dernière cartouche de butane qui nous reste. Didier, lui, fume une cigarette de Clan que je lui ai donnée…roulée dans du papier hygiénique ! Ayant à peu près terminé le travail que j'avais à faire ici, j'ai décidé d'avancer le départ d'un jour car je sens que tout le monde s'impatiente de rentrer, une fois de plus à court de vivres. Si tout va bien, nous serons dans dix jours au dégrad de la crique Ouarémapann, si nous voyageons sans trop nous presser, c'est-à-dire un jour sur deux.

La nuit nous enveloppe maintenant et les grenouilles font un vacarme du diable et poussent de vrais rugissements, tandis que le « toclo » (petit oiseau forestier) fait entendre ses délicates trilles. Souhaitons que, pour affronter sereinement la marche du lendemain, cette nuit soit meilleure que la précédente qui fut ponctuée d'interminables bavardages et de bruits de bois que l'on coupe.

Vendredi 1er septembre

Adieu Mitaraka, cœur des Tumuc-Humac ! Sans doute jamais ne te reverrai-je…sauf sur les photos. Il est déjà près de neuf heures et nous laissons derrière nous un camp sordide, jonché de sacs plastique déchirés mais tout cela aura heureusement disparu bien avant que quelqu'un y vienne. Les porteurs sont très chargés et, comme d'ordinaire, prennent de suite les devants, me laissant aller à mon rythme. C'est une étape courte, de quatre kilomètres environ et, à onze heures, nous sommes au « camp » installé par Simon. « Camp » est un bien grand mot pour cet unique carbet planté sur une forte pente dominant la pinotière. Il n'y a pas un pouce de terrain plat et les paquets occupent tout l'espace disponible sous l'abri où il n'y a pas moyen de les faire tenir debout, en équilibre. Je vais tendre mon hamac au milieu mais les autres ont préféré s'installer dehors, en souhaitant bien fort que la pluie ne vienne pas perturber la nuit. C'est si mal commode que je décide de quitter les lieux dès le lendemain. Quant à nos trois collègues...ils doivent déjà être en train de descendre la crique Ouarémapann. Le soir tombe et l'on entend vrombir par moments ce que j'appelle un « bombardier lourd » et que les guyanais ont baptisé « mouche éléphant ». C'est un gros coléoptère, bleu métallisé et cornu, semblable à ceux que j'ai capturé hier soir au Mitaraka.

Samedi 2 septembre

Ce matin, c'est moi qui suis parti le premier et j'aime ce silence dans lequel je marche. Il fait encore très frais. J'ai remplacé mes tennis en lambeaux par des sandales en plastique avec une paire de socquettes et je m'en trouve bien mieux, surtout pour ce qui est de l'adhérence. De toutes les façons, en traversant les marécages, on a irrémédiablement les pieds trempés. Dans une pinotière, je m'arrête pour faire une photo d'un joli petit champignon orange qui pousse sur le bois pourri. Au loin, je perçois à deux reprises ce qui semble être le son d'une trompe, dans la même direction où nous l'avions entendu à l'aller. C'est maintenant la longue et pénible côte qui me conduit jusqu'à la grande crête orientée est-ouest où se trouve la première vaste savane-roche dans laquelle nous avions travaillé il y a trois semaines. Je prends le temps d'y faire un petit détour mais, à la place des orchidées parfumées, des gentianes bleues et des *Clusia* brillant au soleil, je découvre un désert calciné... Manifestement, le feu y a été bouté la semaine dernière, probablement par les amérindiens. Ils mériteront une bonne semonce au passage. Dix jours après, la fumée s'élève encore de la lisière. De là, il reste plus d'une heure de marche pour atteindre le camp du « kilomètre 4,7 », baptisé par mes gars « camp Zeppina » en souvenir de son genou malade qui l'immobilisa ici pendant deux jours.

Quinze heures…. Ce n'est plus du tout la bousculade du début de la mission et l'après-midi est très calme. Pendant que je change les mèches du réchaud à pétrole (opération longue et délicate), Georges est absorbé par la vannerie d'un nième catouri, Didier lave le riz pour le dîner, Touini somnole ainsi que Zeppina et même Romule, tandis que Burgot, qui souffre beaucoup d'une dent, s'est réfugié dans son hamac, la joue enflée. Le soleil brille sur la pinotière et il n'a pas plu depuis quatre jours. La crique Ouarémapann doit être bien basse. Mon énergie des premières semaines s'étant fortement émoussée, c'est avec une réelle satisfaction que je réalise que nous serons au camp de base dans une huitaine de jours.

Sur un terrain bien plat et dégagé, avec ses six carbets, dont un accaparé par moi tout seul et le four, ce camp est décidément bien sympathique et agréable pour y passer, demain, un bon dimanche. Dommage qu'il n'y ait pas de table comme au Mitaraka ! Avec deux hoccos au tableau de chasse, le dîner est assuré.

Dimanche 3 septembre

Midi et demi…. Jamais dimanche ne fut plus silencieux. Depuis plusieurs heures, je n'ai pas entendu un mot. Chacun somnole au hamac et Georges poursuit imperturbablement la confection de ses catouris. Moi-même, je suis, depuis le réveil, envahi par une torpeur tenace qui me ramène toujours vers le hamac. Toutefois, Didier, qui a abattu ce matin quatre agamis d'un seul coup de fusil, s'affaire à en rôtir un pour moi et met les autres à cuire en sauce.

Lundi 4 septembre

Sept heures…. Tandis que Georges, Romule et Touini sont allés faire l'inévitable second transport de matériel depuis le camp précédent et que Burgot est parti prospecter avec Zeppina sur le layon, je me réveille difficilement et je ressens la même lassitude qu'hier, pire peut-être. Je prends mon courage à deux mains pour faire une tournée dans les parages en compagnie de Didier mais chaque geste est un effort, la tête me tourne et la moindre côte devient une insurmontable montagne. De plus, la dysenterie a repris. Tout cela n'est pas fait pour doper le moral et j'appréhende les quatorze kilomètres qui restent à faire, en trois étapes, jusqu'au dégrad. Je suis obligé d'abréger notre prospection, d'ailleurs peu fructueuse, de sorte qu'à dix heures, nous sommes déjà de retour, suivis, peu de temps après, par Burgot et Zeppina qui, lui aussi comme presque tout le monde, souffre de dysenterie depuis plusieurs semaines.

Etaler les plantes est encore un pénible effort, avant de m'affaler dans le hamac et de compter, une fois de plus, les derniers jours qui paraissent interminables. Après un dimanche passé pratiquement sans bouger, je ne peux expliquer cette fatigue que par la faim. Pourtant, je me force à ingurgiter d'énormes assiettées de riz mais leur valeur nutritive n'est, je crois, qu'illusoire. C'est pourquoi, à dix heures, je me prépare une purée en flocons (la dernière !) puis, à midi, du couac accompagné d'une très savoureuse perdrix sauce au poivre qui est sans doute la meilleure volaille sauvage de la forêt. Le couac a, au moins, le mérite de « tenir au ventre » et j'en reprends volontiers.

À treize heures, tout le monde se couche après avoir préparé le gibier, ce qui m'a encore valu le spectacle du transport des bras, jambes et queues velus des couattas, ébouillantés, puis dénudés jusqu'à devenir des membres nus et roses, presque humains et démesurément longs. Au pied du carbet, une grosse tortue, maintenue sur le dos en « conserve vivante », la tête bloquée à l'intérieur de la carapace par un morceau de bois, bat désespérément l'air de ses pattes postérieures depuis plusieurs jours. À quinze heures, on m'apporte une demie-volaille rôtie que j'avale avec une écuelle débordante de riz sec. Il me semble pourtant avoir encore faim ! C'est inouï et, dans mon hamac, j'évoque inlassablement, plusieurs fois par jour, le goût des omelettes, des fruits, du chocolat, d'une bonne pizza, d'une glace, d'une boisson fraîche et gazeuse… Cela tourne à l'obsession. Depuis deux mois, matin, midi et soir c'est…le riz à l'eau, compact et blanc ! Une fois arrivés au dégrad, au moins, il n'y aura plus de gros effort de marche et de portage… Mais dans quel état sera la rivière…ou ce qu'il en reste, après une semaine sans pluie ? Peut-être est-ce…le canot qu'il faudra porter ! Et où sont donc les autres, en ce moment ?

Dix-neuf heures…. Didier sonne le dîner. Le hocco est particulièrement coriace, ce soir… Un aïeul, sans doute ! Tout le monde se précipite quand même sur la grosse « chaudière » (marmite) et chacun de crier en blaguant, comme tous les jours : « Pas miner ! Pas miner ! »..à l'intention de ceux qui creusent pour choisir les meilleurs morceaux. Et, dans la faible lumière du camping-gaz dont je suis parvenu à économiser une cartouche jusqu'au bout, on distingue les six corps noirs, accroupis ou assis pêle-mêle sur les troncs de pinots, portant à la bouche de grosses cuillères de riz blanc. Les assiettes et les casseroles en aluminium brillent. En toile de fond, comme un décor de théâtre, on perçoit les toits des carbets à l'allure de paillottes. On entend sucer bruyamment les os jusqu'à la dernière miette de chair puis racler le fond de la marmite où, comme toujours, le riz attache…

Mardi 5 septembre

Sept heures… C'est l'heure du riz au lait sucré de tous les jours, c'est-à-dire beaucoup de riz, beaucoup d'eau, très peu de sucre et juste un soupçon de lait (fin du dernier tube !). Pour me donner du nerf, j'avale le dernier comprimé de vitamine C et la dernière cuillère de café soluble ! À huit heures, tout est bouclé et nous partons. Oh, ce n'est pas encore la grande forme, loin de là, mais il me semble que cela va un peu mieux qu'hier, excepté l'éternelle dysenterie. Il a plu cette nuit et les arbres sont mouillés. J'arrive à grimper sans mal la longue côte qui permet de sortir de la pinotière où est installé le camp. Tous me dépassent…. L'étape n'est que de quatre kilomètres et sept cents mètres ; ce n'est pas énorme et je ne me presse pas. Dans les bas-fonds, les têtes de criques, au milieu des rochers moussus où gargouille l'eau invisible, il fait presque nuit tant la forêt est dense et le ciel couvert. Je glisse, je patauge… Mes vieux tennis, attachés par les lacets sur le côté de mon sac, ballotent à chaque mouvement. J'ai perdu mon couteau mais tant pis, je l'avais déjà cassé en deux l'autre jour en déterrant une plante. Le petit sécateur chromé, par contre, tient bien à la ceinture et le sac de plantes se remplit doucement.

Dix heures…. Assis par terre à coté de mon sac, je grignote jalousement l'avant-dernier morceau de la dernière tablette de chocolat. Je sens l'humidité envahir mon postérieur, mon jean étant sérieusement déchiré…. C'est la moitié du chemin… Changement de direction. Maintenant, les bas-fonds ne sont plus des lits encaissés de petites criques mais d'interminables marécages, très bourbeux, au milieu des pinots, des *Costus* et des fougères. Je compte les bornes hectométriques… Un kilomètre… Dernière côte ? Non, encore une si je me souviens bien. Sept cents mètres…. Quatre cents mètres…. Deux cents mètres… Devant moi, au bas de la pente, s'élève une fumée bleue. Je m'affale aussitôt sur un tronc, à côté des hommes… *« - Et la chasse ? »*… *« - Rien du tout, Monsieur de Granville ! »*… Je suis déçu. C'est stupide : ce matin, j'ai vu une troupe d'agamis et, tout à l'heure, un cochon-bois a détalé à dix mètres de moi ! Je donne à mes gars l'avant-dernière boîte de corned-beef.

Et puis, alors que nous sommes tous assis en brochette sur le tronc, Burgot, scrutant les feuillages de l'autre côté de la crique, s'exclame soudain : *« - Il y a quelqu'un, là ! »*… Et tous guettent fixement… *« - Oyaricoulet ! »*, lance Didier en plaisantant. Mais non, ce n'est pas un Oyaricoulet ! Je le distingue moi aussi, maintenant… C'est un blanc ! Il agite un filet à papillons vert à la main. Un short un peu large bat ses jambes nerveuses. Tout le monde semble fort surpris… Il y a de quoi ! *« - Sans doute un hollandais »*, dit Burgot. Il faut avouer que de telles rencontres sont plutôt inattendues dans les Tumuc-Humac ! L'homme traverse maintenant la crique et monte le talus vers nous. *« - Monsieur de Granville, je suppose ? »*… *« - Oui, en effet… Vous êtes seul ? »*… *« - Non, il y a trois gars avec moi mais ça m'énerve car, depuis ce matin, ils sont derrière… »*. Il pose son sac à dos et sa carabine. Son visage est hirsute, visiblement pas rasé depuis plusieurs jours déjà. De fil en aiguille, nous apprenons qu'il s'appelle Boyer, qu'il a travaillé en Guyane, au Bureau Minier, dans les années cinquante et que, nostalgique du pays depuis qu'il réside en France, il est venu passer des vacances ici ! C'est, à coup sûr, un grand sportif : depuis deux mois, il a déjà à son actif le Chemin des Emerillons jusqu'à Camopi, aller et retour. Il a quitté ce matin le dégrad de la crique Ouarémapann et, à midi et demie, il est déjà arrivé ici, dix kilomètres plus loin ce qui, pour nous, représente deux étapes. Il nous avoue : *« - Je ne suis pas fatigué et je pourrais retourner cet après-midi jusqu'à la Ouarémapann... J'ai l'habitude de la marche en montagne ! »....* *« - Vous êtes en mission ? »...* *« - Non, simplement en touriste ! »...* *« - Vous allez jusqu'au Mitaraka ? »...* *« - Oh oui ! Et j'irai aussi faire un tour sur la grosse montagne, là... »*, me répond-il en indiquant, sur sa carte, le Paloulouimenpeu. *« - Et puis, histoire de jeter un coup d'œil, j'irai aussi jusqu'au Mapaony, à l'autre bout du chemin amérindien »...* *« - Et vous avez assez de vivres ? »...* *« - Simplement du riz et du couac...et puis quand on a la chance de prendre un gibier.... »*. Comme sa carte des Tumuc-Humac est périmée, je lui propose de lui prêter les miennes, ce qu'il accepte avec joie, et nous nous installons à la table rustique pour les compulser, ainsi que les photos aériennes. Une heure après, deux bonis débouchent du chemin, essoufflés... *« - Ah ! C'est vous enfin, quand même... Et où est l'indien ? »...* *« - Derrière »...* *« - Comment ! C'est le guide qui est le dernier !!!... Vous avez trouvé le hocco que j'ai tué, au moins ? »...* *« - Oui ! »...* *« - Vous l'avez pris ? »...* *« - Oui ! »*... Quel phénomène, ce Boyer ! C'est lui qui arrive le premier et c'est lui qui chasse...qui plus est, avec une petite carabine ! Une demi-heure plus tard, voici un gros Oyana en calimbé, assez âgé, qui arrive son tour. *« - Ah, enfin ! »...* *« - Mo fatigué beaucoup, mo mal aux jambes »...* *« - Comment ! Tu as l'air costaud, pourtant ! »*. Alléché par les descriptions que je lui fais des points remarquables de notre parcours, notre étonnant voyageur décide d'aller jusqu'à la borne n°1. Après tout, il a déjà fait un quart du trajet et, maintenant que le chemin est tracé et que les camps sont installés, il n'y a plus qu'à en profiter. *« - Vous comptez rentrer quand à Cayenne ? »...* *« - Vers le vingt-cinq de ce mois »*... C'est-à-dire dans vingt jours ! Mais, à la vitesse à laquelle il marche, avec une charge légère et sans matériel scientifique, c'est faisable. Et, plutôt que de se reposer et ne tenant pas en place, il nous annonce : *« - Bon, eh bien, je vais aller faire un tour… Bon après-midi et à tout à l'heure ! »*. Nous le voyons s'éloigner seul, avec sa carabine, sur le chemin amérindien, vers la tour métallique du point de trijonction.

Vingt heures… Depuis une heure, il fait nuit et Monsieur Boyer n'est toujours pas de retour. Son sac à dos avec son hamac et sa lampe de poche sont ici, à côté de nous, sous le carbet. « Ses » deux bonis sont partis à sa recherche et tirent un coup de fusil de temps en temps. Moi, je suis au hamac, l'estomac tiraillé par la faim car la portion de riz fut congrue et celle de viande plus réduite encore étant donné l'absence de chasse. La situation est à nouveau critique, le riz venant à manquer et le couac étant terminé…. Nous avons donc établi un plan d'urgence de repli rapide, en deux jours, jusqu'au dégrad. D'ici là, chacun doit pourtant se résoudre (et toujours dans la bonne humeur !) à ne plus manger le matin. Supporterai-je cette privation alors que j'ai déjà si faim ? Quelle pénible fin de mission ! Burgot vient chercher de l'encens, résine qu'il a recueillie sur les blessures des troncs de Burséracées, afin de s'éclairer….car il n'y a plus de pétrole. Zeppina et Touini ont eu le courage d'accompagner l'équipe de recherche…. Et moi, je me creuse le crâne pour savoir ce que je pourrais bien me mettre sous la dent. Mais c'est peine perdue….

Des lucioles ?...Non ! Ce sont de petites lumières qui descendent la colline en face. Sans nul doute, les bonis ont-ils récupéré Monsieur Boyer. En effet, le voilà qui arrive tout penaud, s'étant fourvoyé dans la bretelle conduisant au Paloulouimenpeu. Mais diable, d'après ce qu'il me dit, il a presque atteint le Témomaïrem. Cela fait vingt kilomètres de marche dans la journée !

Mercredi 6 septembre

Extraordinaire ! À quatorze heures trente, nous sommes au dégrad de la crique Ouarémapann, après une marche de dix kilomètres !... Je suis, moi-même, tout étonné d'avoir réalisé en un temps record cette étape d'une longueur imprévue !

Il était sept heures trente, ce matin, lorsque nous quittions le Koulimapopan pour le camp intermédiaire de la crique Koulé-Koulé. Je n'avais pas trop faim après le riz au lait. C'était le dernier sachet et l'humeur de mon équipe s'en ressentait... Qu'allions-nous manger pendant deux jours ? Y aurait-il une petite réserve de riz au camp de la Koulé-Koulé, laissée à notre intention, comme prévu, par les collègues du Muséum ? Et puis, la chasse ayant encore été infructueuse, nos hommes achevaient de ronger les os d'un couatta boucané de l'avant-veille. Nous avons laissé Monsieur Boyer et ses guides s'enfoncer dans le layon que nous avions quitté... *« - Au revoir ! Bonne promenade ! »... - Merci ! Bon retour ! »*...C'était exactement comme si nous nous étions souhaité de passer un agréable weekend en forêt de Rambouillet ! Georges, Romule et Touini s'en allaient, de leur côté, vers le kilomètre 4,7, récupérer le reste du matériel laissé en chemin. Burgot, Didier et Zeppina sont partis au pas de course, croulant sous des charges monstrueuses, alors que je lambinais en herborisant tranquillement, tout en constatant avec satisfaction que la dysenterie avait enfin disparu. Pour cette petite étape de quatre kilomètres et demi, j'ai pris tout mon temps et il était midi lorsque j'atteignis les carbets. Les trois hommes m'y attendaient et m'ont annoncé, avec une mine morose, qu'il n'y avait que très peu de riz qu'ils venaient de faire cuire et dont ils m'ont proposé une part, accompagnée de quelques miettes de corned-beef. Après ce frugal repas, ils m'ont alors fait cette proposition : *« - Si vous pouvez, on continue jusqu'au dégrad et on prend votre sac »*. Je ne m'attendais pas à cela, espérant travailler encore un jour à la Koulé-Koulé. Et puis c'était encore cinq à six kilomètres de rude chemin en montagne à parcourir... Mais pourquoi ne pas essayer ? Puisqu'ils se chargeraient du sac, je serais léger comme une plume et, de plus, je n'étais pas tellement fatigué... *« - Vers quelle heure arriveront-nous si nous partons maintenant ? »*... *« - Vers trois ou quatre heures de l'après-midi »*. Et c'est ainsi que nous avons poursuivi le chemin jusqu'au bout...en à peine plus de deux heures depuis la crique Koulé-Koulé !

Ici, il fait une chaleur accablante sous les carbets bâchés, au milieu de cet abatis trop grand. Nous nous sommes tous les quatre affalés quelques instants avant de regarder, dans la montagne de bagages hétéroclites, ce que les autres avaient bien pu prendre ou laisser.... Le constat est accablant. Il n'y a presque plus de cartouches de calibre seize... Les salauds, ils ont tout pris ! Et le tafia ? Il ne reste plus qu'un quart de litre sur la bouteille entière que j'avais laissée ! Le fût de pétrole était plein... Pourquoi donc en ont-ils emporté la moitié ? Et il reste seulement deux fourchettes sur les dix que nous avions achetées ! Les doléances continuent ainsi un bon quart d'heure pendant que Zeppina et Didier vont à la recherche d'aïmaras, à bord du petit canot de Monsieur Boyer car la rivière est très basse. Cependant, je n'ai pas trop d'inquiétudes car, d'après la lettre laissée par Claude, ils ont descendu la crique Ouarémapann en un jour ! Et puis, la radio fonctionne, la batterie n'étant pas déchargée... Demain, nous tenterons une liaison avec Cayenne. Pour eux, ce sera une surprise car ils ne s'attendent sans-doute pas à recevoir des nouvelles si vite !

Je goûte le confort du camp de base et trie longuement mes affaires avant de commencer l'étalage des plantes. Hourrah ! Voici Didier et Zeppina avec quatre aïmaras ! Ce soir, c'est le festin, l'énorme pimentade avec du couac sans restriction ! Tout le monde s'endort repus...pendant que Georges, Touini et Romule doivent se serrer la ceinture, là-bas, au Koulimapopane.

Jeudi 7 septembre

Ciel ! Que ces hommes sont bruyants ! Toute la nuit, ce ne furent que bâillements sonores, faisceaux de lampes de poche, crépitement du feu fraîchement alimenté, bavardages, tintements de vaisselle et, vers minuit, je suis franchement réveillé par un insolite et puissant bruit de friture... C'est Burgot qui passe ses insomnies à....faire rissoler du poisson ! Ensuite, c'est tout un problème pour retrouver le sommeil avec la chaleur à laquelle nous n'étions plus habitués. Sans compter les épouvantables démangeaisons des tiques et poux d'agoutis qui me font gratter les jambes jusqu'au sang, pendant des heures, sous mon duvet.

Six heures... Avec l'aube, les bruits reprennent de plus belle, en particulier la friture du poisson agrémentée des premiers chants d'oiseaux. Burgot et Zeppina nous quittent très tôt pour faire un dernier aller et retour au camp de la crique Koulé-Koulé. En ce qui me concerne, pas question de marcher aujourd'hui mais plutôt de prendre un jour de repos après ce long raid forestier. Didier en profite pour aller sur les rochers, un peu en amont laver son linge et poser des hameçons. Me trouvant merveilleusement seul, je profite de la chaude apparition du soleil, vers onze heures, pour interrompre l'étalage des plantes et aller prendre un bain délicieux. L'eau est très claire et, à la poupe du canot, je sonde auparavant le sable à l'aide d'une baguette afin de m'assurer qu'une raie au redoutable aiguillon ne s'y est pas glissée. Rassuré, je peux y poser les pieds. Je vois des quantités de petits poissons disposés en escadrilles, la tête face au courant. Il y en a des clairs, presque de la couleur du sable, avec de longues moustaches et une bande grise de chaque côté, d'autres plus gros, solitaires, de la même couleur mais sans moustache, d'autres encore annelés transversalement et puis aussi de tout petits, très foncés, immobiles, en formation impeccable....

Midi et demi...du moins à ma montre. Je tente une vacation radio... Mes espoirs sont vains malgré des appels répétés jusqu'à treize heures. Ce n'est qu'au début de l'après-midi, lorsque je parviens à contacter « radio-préfecture », que je peux obtenir l'heure exacte d'où ma montre s'était écartée de vingt bonnes minutes. En deux mois, ce n'est pas si mal. À l'égard du poisson frit que je déguste maintenant en daube pimentée avec du riz, je n'ai plus du tout les mêmes sentiments que cette nuit. C'est un régal ! Les dures semaines de restrictions et de singe coriace me paraissent déjà loin et me font sourire maintenant que je tapote mon estomac rondelet...

Quinze heures... Des appels se font entendre dans la forêt...bientôt suivis de nos trois courageux porteurs qui, comme hier, ont parcouru les dix kilomètres dans la journée mais avec chacun deux catouris superposés sur le dos !!! L'arrivée et le déchargement sont spectaculaires. Après un quart d'heure de récupération silencieuse, ils sont à nouveau sur pieds, palabrent, rient, se baignent et s'activent pendant que je range et trie mes affaires, à présent toutes rassemblées. L'orage gronde furieusement et sans discontinuer depuis une heure, mais la pluie qui suit est sans proportions avec ce qu'on pouvait attendre.

Vingt heures… À sept sous la même bâche, l'espace est limité et le silence rare. Touini a suspendu son hamac à cinquante centimètres du mien et comme il gesticule beaucoup, les poutres du carbet oscillent en mesure et je tangue comme une embarcation légère en pleine mer ! Cela promet une bonne nuit… J'ai fait profiter Burgot de mon somnifère car je redoute encore la friture nocturne ou quelque fantaisie intempestive de ce style. Si j'en avais suffisamment, j'en donnerais bien deux comprimés à chacun pour être tranquille ! Didier et Romule ont préféré se coucher par terre sur une bâche. Ils se disputent en riant le dernier paquet de cigarettes Nationales que je leur ai donné. Georges raconte bruyamment des histoires de poissons, Touini frétille toujours et le carbet continue à danser pour être, lui aussi, dans la note de bonne humeur qui marque la fin du portage et des repas austères. L'ambiance est chaude… Quant à Burgot, il vient de s'asseoir dans son hamac… Il ne va quand même pas refaire le coup de la friture tout de suite !

Vendredi 8 septembre

Vingt heures… Comme hier, il y a beaucoup de bruit sous le carbet et les hamacs dansent… Le tout est agrémenté de la friture…du transistor de Romule, un engin très perfectionné sur lequel on peut entendre à peu près tous les postes étrangers…sauf Radio-Cayenne ! Nous avons ainsi droit, successivement et alternativement (en fonction du sens du vent ou de je ne sais quoi d'autre), au jargon brésilien, à l'espagnol pétaradant et à l'anglais placide, avec surtout bon nombre de parasites, sifflements, ronflements et crachements… Mais la voix de Georges est encore beaucoup plus forte et couvre le tout.

Ce fut, pour moi, une journée de travail tout à fait banale sur la crête de l'Icholi Epoyann, jusqu'à midi, devant être de retour à temps pour la vacation radio. Pour les autres, c'était relâche après l'effort des jours derniers et chacun de laver son linge, faire sécher son hamac, recoudre ses vêtements, ranger sa valise, boucaner la viande, pêcher, chasser, se reposer et bavarder. Nous avons maintenant pléthore de nourriture excellente et, non seulement mes envies ont à peu près disparu mais, après chaque repas, je dois traîner un estomac pesant ! À midi, il y avait au menu, outre le riz aux haricots rouges, des tranches d'aïmara frit, préparées avec une sauce piquante à l'ail, à la tomate et aux herbes aromatiques, dignes de figurer sur la table d'un bon restaurant régional. Il ne reste plus qu'à attendre que chacun trouve le sommeil…

Samedi 9 septembre

« OMO, le champion des lessives…le champion de la propreté ! OMO, le champion des lessives… » (déclamé en musique sur un air de fête !) : eh oui, c'est le transistor de Romule qui nous gratifie de cette belle publicité! Il fait encore nuit, à peine six heures. Bigre ! Les boules Quiès ne suffisent même plus ! À sept heures trente, Didier et moi partons pour la dernière excursion : l'ascension de Chiton Mongo, également appelé « Les Trois Dents ». Ce n'est pas très loin mais le plus dur est de gravir la pente de l'Icholi Epoyann. Ensuite, la ligne de crête conduit, à travers une belle forêt, jusqu'au pied des rochers. Le tracé ayant déjà été généreusement ouvert par Claude Sastre et son équipe, il y a dix jours, nous n'avons plus qu'à le suivre. Il y a relativement peu de tronçons difficiles ou d'escalade proprement dite et, à neuf heures, nous sommes au sommet. Le déplacement en valait la peine car la vue est imprenable sur trois cent soixante degrés, du Paloulouimenpeu au Paloulouimenpeu, en passant par les Mitaraka nord et sud, le Toukouchipann, le Sommet en Cloche, le dôme de la borne frontière n°1, le Pic Coudreau etc. Un parterre de fleurs particulière-

ment fourni (toujours les mêmes : gentianes bleues, Apocynacées blanches, papilionacées violettes, orchidées jaunes…) constitue un premier plan de choix pour les photos. Nous sommes à cinq cents et quelques mètres et le camp n'est qu'à deux cents mètres mais, dans le fond de la vallée, on distingue bien les coups de hache et le bruit des moteurs hors-bord que Georges et Zeppina doivent essayer. Les effets de nuages, encore denses et bas, sont bien jolis et je me retiens pour ne pas faire plus de trois ou quatre photos car c'est la dernière pellicule. Comme Claude a récolté bon nombre de plantes ici, je ne m'éternise pas et nous prenons doucement le chemin du retour. Arrivés sur le sentier amérindien, j'installe une flèche en bois, à l'intention de Monsieur Boyer, sur laquelle il pourra lire : « Circuit touristique des Tumuc-Humac : CHITON MONGO – vue panoramique 360° - vaut le détour ».

Soudain, un bruit imperceptible derrière les feuillages attire notre attention… *« Cochons-bois… »*, chuchote Didier. Il épaule et tire. L'un, blessé, détale vers la gauche, l'autre, indemne, file vers la droite. Cinq minutes plus tard, le chasseur revient avec un beau « pakira » qu'il jette sur les feuilles mortes, l'air satisfait. L'animal, les yeux grands ouverts et pleins de tristesse, respire encore profondément. Il reçoit un magistral coup de gourdin sur le crâne, puis deux, puis trois… À chaque fois, le bois y laisse une entaille sanguinolente mais rien n'y fait : le souffle ne s'arrête pas et sa paupière bat. Didier monte alors à pieds joints sur son groin qu'il écrase contre la terre mais les commissures des lèvres s'écartent alors pour laisser passer l'air. *« Ah ! Il a des petits dans son ventre… C'est pourquoi il veut pas mort »*, marmonne Didier le plus tranquillement du monde. Un formidable coup de bâton, ajusté sur le cervelet, lui fait lever la tête en poussant une sorte d'aboiement. Sa respiration s'arrête puis reprend doucement et quelques coups sont encore nécessaires pour l'achever avant de lui ficeler les pattes à l'aide de lianes franches. Didier le charge alors sur son dos et part d'un air guilleret…

À treize heures, lorsque nous arrivons aux carbets, je trouve les hommes en pleine activité. Les bonis taillent des pagaies. Burgot étale les échantillons qu'il a cueillis ce matin le long de la crique, parcourue sans trop de mal jusqu'à la moitié grâce au petit canot de Monsieur Boyer et sans chargement. Tout est maintenant parfaitement briqué. La vaisselle en aluminium, énergiquement décapée au sable dans la rivière, reluit au soleil. Les hamacs et les moustiquaires sèchent après un bon lavage qui n'avait rien de superflu.

Vingt heures.... « - *Trois îlets, bagatelle !... Piquette pour tuer les animaux féroces !... Blanc comme coco !...* ». Les traditionnelles interjections accompagnent les dominos qui claquent bruyamment au milieu des cris et des éclats de rires sur une grosse caisse, sous le carbet aux bagages. Nous n'avions pourtant pas emporté de dominos mais Georges a vite fait d'en tailler un jeu dans du bois dur et dont il a marqué les chiffres avec une pointe de fer rougie sur le feu. Plus près, à « trois hamacs » de moi, le poste à parasites diffuse à tue-tête, parmi des bruits incongrus, des bribes d'émissions diverses et incompréhensibles qui s'amplifient, se mêlent et s'évaporent successivement dans les ténèbres comme des vagues de musique d'avant-garde. Seul Burgot essaie de dormir mais je ne lui donne pas beaucoup de chances. La partie de dominos est aussi accompagnée, par moments, de roulements de tam-tam sur un bidon de couac. Après un grondement de Boeing au décollage, le transistor diffuse maintenant un sifflement de tempête dans les fils télégraphiques. Je pense que s'il y avait des Oyaricoulets dans la région, ils ont dû déguerpir bien loin, terrorisés par tout ce vacarme !

Dimanche 10 septembre

L'ambiance de fête continue avec de joyeuses sambas diffusées par le fameux poste à transistors qui semble s'être stabilisé pour la journée sur Manaus : « *Rrrrradio Nacional da Amazonas !!!...* ».Chacun se fait une beauté à l'approche du retour et les odeurs capiteuses d'eau de Cologne à bas prix flottent sous les bâches. Sur le tronc d'arbre couché, derrière moi, c'est Romule, le coiffeur, qui officie... Avis aux clients qui souhaitent se faire couper les cheveux. C'est fait avec grand soin et le cou est méticuleusement nettoyé à la lame de rasoir tenue entre le pouce et l'index. Farniente et douceur de vivre dans ce petit paradis ensoleillé, au bord de l'eau claire et fraîche où je vais, une fois de plus, me baigner avant de savourer un aïmara savamment cuisiné… Et puis, je vais m'allonger sur le canot, tout en regardant les fleurs, les papillons et les oiseaux qui virevoltent au-dessus de moi. Il y fait moins chaud que sous la bâche et la « musique » de la radio me parvient en sourdine.

Dix-sept heures…. « Chuva ! Chuva ! »… En effet, comme presque tous les jours à la même heure, le grondement lointain s'amplifie et puis c'est le vent qui brise les branches et fait tourbillonner les feuilles mortes. Peu de temps après, l'averse suit mais toujours très courte et peu abondante.

Le soir, nous nous endormons encore au son des flonflons. Dimanche prochain, nous serons à Maripasoula !

Descente vers la civilisation

Lundi 11 septembre

C'est le dernier jour au dégrad de la crique Ouarémapann : nous prendrons la rivière demain ! Tout le monde s'affaire à préparer les bagages. Georges achève de raboter une pagaie neuve à l'élégante silhouette de flamme. Et puis, c'est comme un second dimanche puisque tout est prêt maintenant et ceux qui ne sont pas partis à la pêche ou à la chasse passent l'heure de la grosse chaleur dans le hamac.

Dix-sept heures… On charge le canot des caisses, cantines et gros bagages. Zeppina branche la nourrice et essaie le moteur. Didier grimpe à grand peine sur l'arbre où est fixée une extrémité de l'antenne radio pour la décrocher…tout en se faisant piquer par une armada de fourmis rouges !

Mardi 12 septembre

Huit heures…. Adieu les Tumuc-Humac ! C'est le départ ! Nous venons d'embarquer. Burgot se signe. Le long et lourd canot décolle lentement du sable de la rive. Je jette un dernier coup d'œil vers ce qui fut notre camp de base d'où j'ai essayé, ce matin, d'éliminer le maximum d'ordures, de papiers et de boîtes vides qui traînaient, en pensant à Monsieur Boyer et son équipe qui viendraient bientôt ici. Il n'est pas question d'allumer le moteur avec des eaux aussi basses, sur une crique étroite et bien encombrée. Aussi, le canot glisse-t-il silencieusement, avec un léger roulis que lui impriment les coups de takari. Nous ne voyons pas plus d'animaux pour autant et le voyage devient vite monotone… Et puis, je suis très inconfortablement installé, cherchant sans cesse une nouvelle position et, quand je l'ai enfin trouvée, il faut la quitter car nous passons sous un tronc tombé ou dans un amas de branchages qui éraflent les flancs du bateau, ou bien encore nous « volons » un bois immergé moteur pleins gaz, cette fois. Par moments, la coque grince longuement sur des bois ou frotte sur un haut fond sableux. Nous n'avons heureusement presque pas à nous servir des sabres ni de la hache, le niveau n'ayant pas tellement baissé depuis le passage de l'équipe Sastre, Gasc et Brandily, il y a douze jours.

Onze heures trente... Nous franchissons le « camp maïpouri », ainsi baptisé car nous y avions tué un tapir en montant. Zeppina demande : *« - Personne ne descend ? »*. Un peu plus loin, Geoges épaule et tire un « serpent-agouti », rouge, lové dans les amas de lianes de la rive. À quinze heures trente, nous atteignons le camp de l'embouchure de la crique Ouarémapann. À partir de là, il n'y aura maintenant plus de problèmes et, sans doute, serons-nous dès vendredi soir à Maripasoula. Il fait très beau, si beau même que le soleil nous a tous donné une petite migraine. Tendre la bâche et décharger les quelques bagages personnels indispensables pour passer la nuit sont choses faciles et il n'y a plus qu'à préparer le dîner....ce dont Didier se charge toujours avec grand plaisir.

Mercredi 13 septembre

Huit heures.... Beauté du fleuve sous la brume qui se lève, dans la lumière dorée du matin. Depuis une demi-heure, nous avons quitté la crique Ouarémapann et nous filons sur le Litani. C'est merveilleusement agréable et j'ai amélioré mon siège de sorte que je peux enfin m'allonger et me laisser aller à la rêverie en regardant défiler les petits nuages blancs et les branches sur un fond d'azur. Le fleuve est splendide en cette saison car il découvre de nombreux rochers et, surtout, dans les portions convexes de ses méandres, de jolies plages de sable blanc, éblouissantes au soleil. Nous avons de nombreuses fois l'occasion de nous y arrêter car c'est là que les iguanes femelles vont déposer leurs œufs, dans de profonds terriers. Seul le cinéma pourrait recréer l'ambiance que nous vivons ce matin : dès qu'apparaît un banc de sable avec des traces de « lézard », le canot accoste et nos hommes bondissent dans l'eau où ils courent au milieu de gerbes de gouttelettes avec un enthousiasme inattendu. Chacun se précipite alors sur un trou devant lequel il est bientôt à quatre pattes ou même complètement couché, avec un bras fouissant le sable. Lorsque le bras n'est pas assez long, on creuse avec une pagaie en faisant jaillir le sable par paquets. Souvent, il n'y a rien mais, parfois, l'heureux fouisseur y découvre de beaux œufs blancs, parcheminés, qu'il dépose alors précieusement dans un chapeau avant de les laver. Parfois aussi, c'est la pondeuse elle-même que l'on trouve et que l'on extirpe par la queue, l'air pitoyable et couverte de terre. Si elle est épuisée et efflanquée, c'est que les œufs sont déjà au fond du terrier et la pauvre bête a toutes les chances de retrouver sa liberté. Mais, malheur à elle si elle est encore rondelette : sa condamnation à brève ou à longue échéance est signée ; elle finira en colombo à Maripasoula ou à Cayenne avec sa progéniture dans le ventre. En attendant, on lui ligature fortement les pattes sur le dos, attachées avec la queue et elle ne peut plus rien faire d'autre que de regarder ses bourreaux d'un œil rond et doré qui en dit long... Mais tous les iguanes ne sont pas au fond des terriers. Il y en a beaucoup dans les arbres. Les mâles ont la vie sauve mais, là encore, si une femelle pleine apparaît, perchée sur une branche, quatre fusils sont instantanément braqués dessus et elle est abattue sans pitié. L'une d'elle reste accrochée par une patte et refuse de tomber mais son immobilité et les gouttes de sang qui coulent sur mes lunettes ne laissent aucun doute sur son triste sort. Cette frénésie de la chasse aux iguanes dure à peu près toute la matinée, tant qu'il y a des plages. Personne ne se limite, maintenant que l'on est sur le chemin du retour car chacun souhaite rapporte chez lui un bon stock de victuailles. Trois hoccos et un marail sont encore tués. Ils seront boucanés ce soir.

Midi.... Le soleil tape fort et ma peau a pris la même teinte que celle de Didier. Nous faisons encore une longue halte sur un îlot sableux où les hommes galopent d'un bout à l'autre à la poursuite d'un iguane qui cherche désespérément une issue. Un peu plus loin, au milieu du fleuve, un beau caïman gris clair se repose en plein soleil, bien en évidence sur un petit rocher émergé. Nous passons hélas trop loin et trop vite pour l'immortaliser sur la pellicule. De temps en temps, j'extirpe de mon sac plastique quelques bouts coriaces de poisson boucané que je grignote avant de continuer ma sieste. Nous passons quelques rapides et voici la borne de Kiboy Soula.

Quinze heures trente.... Déjà Saut Lavaud ! Bien que nous nous soyons longuement arrêtés ce matin, le retour est décidément bien plus rapide que le voyage aller. Les hommes décident de camper ici. C'est, je l'avoue, un site fort agréable et ensoleillé, avec des rochers et des eaux vertes à l'écume blanche. Aussitôt accostés, le dépeçage des iguanes commence, le feu est allumé et les marmites fument...

Il fait nuit depuis une heure. Nous n'avons pas construit de carbets et les hamacs sont attachés entre les arbres, ceux de mes coéquipiers agglutinés à quelques centimètres l'un de l'autre, près d'un grand boucan aux flammes claires. Je me suis prudemment installé à dix mètres de là pour avoir moins de bruit, moins de lumière, moins de chaleur et de fumée...au grand étonnement de Georges qui m'avait réservé une place dans l'« essaim ». Je n'ai pas cet instinct grégaire qui caractérise tant d'humains... J'espère même passer une bonne nuit car les petits bruits incongrus seront couverts par le grondement du saut. Il fait très doux et nous retrouvons le climat de la plaine dont nous avions perdu l'habitude... Je suis encore en maillot de bain à cette heure ! On est loin du Toukouchipann où, dès quatre heures de l'après-midi, il fallait enfiler un pull-over. Le festin d'œufs d'iguanes fut copieux et rassasiant à un tel point qu'il reste encore une marmite presque pleine des morceaux écailleux, des pattes et des queues bouillis des quatre ou cinq reptiles abattus. Ce sera pour le petit déjeuner demain matin !

Jeudi 14 septembre

Voici deux mois, jour pour jour, que j'ai quitté Cayenne. Le Litani déroule à toute vitesse ses rives verdoyantes et ses rochers bossus. Il s'élargit progressivement et, au-dessus des eaux troubles, lisses comme un miroir ou ridées par le vent, dansent des piérides blanches et jaunes. Les arrêts sont rares ce matin et je profite de l'un d'eux pour cueillir quelques-unes de ces magnifiques passiflores blanches au parfum capiteux. Le soleil me cuit et l'ombre se fait rare. Dans les petits rapides, Zeppina au moteur et Touini au takari rivalisent d'habileté pour se faufiler entre les rochers.

Seize heures... Nous sommes à la tête des grands sauts du Litani que nous réservons pour demain. Trois cases amérindiennes inhabitées sur un îlot herbu et rocheux, très hospitalier, feront bien l'affaire pour passer la nuit. Je constate en me baignant que, maintenant, l'eau du Litani est franchement chaude, alors qu'elle était déjà tiède à Saut Lavaud et bien fraîche dans toutes les criques des Tumuc-Humac, la Ouarémapann en particulier.

Vendredi 15 septembre

Dix heures.... Il fait grand soleil sur Antécume Pata et tout le monde respire la joie de vivre. Dans quelques heures, nous serons à Maripasoula et l'état d'excitation de Touini à l'idée de retrouver le « pays boni » ne peut passer inaperçu. Chacun fume dignement de longs « tamouhés » long cigare indien) que Mimisikou roule sous nos yeux. Zeppina et Burgot font le plein d'essence, Georges se fait offrir une bouteille de toukoupi (jus de manioc) et moi, quatre bananes que je trouve délicieuses après deux mois sans fruits. Le passage des sauts n'a pas été sans émotions et le canot, échoué sur les rochers au milieu des remous, a pu être dégagé après un quart d'heure d'efforts. Comme toujours, à la cordelle ou au takari, ou dans l'eau jusqu'au cou, ou bondissant sur les rochers presque tous émergés en saison sèche, nos hommes ont fini par vaincre toutes les difficultés.

Dix heures trente.... Nous reprenons le fleuve pour une courte étape, en agitant nos mains vers Antécume-Pata. C'est le Maroni ou, plus exactement, le Lawa où se retrouvent les eaux du Litani et du Marouini. Il coule majestueusement et notre bateau fonce, le drapeau tricolore, récupéré au village, claquant au vent. Voici qu'au loin apparaissent les monts Atachi Bacca, barrant l'horizon de leur masse bleutée… Dans trois heures, nous y serons. Nous laissons, sur la gauche, quelques villages amérindiens d'aspect riant sous une lumière éblouissante, où se mêlent harmonieusement les teintes des toits de palmes, du sable, de l'herbe verte, de la terre rouge et, en arrière-plan, des sylves obscures. Les jeunes Oyanas tentent de faire la course avec nous, sur leurs pirogues, mais les pagaies sont bien vite vaincues par notre « trente-cinq chevaux Chrysler » ! Cela me rappelle, par endroits, certains paysages paisibles des rives de l'Amazone. De temps à autre, nous croisons une pirogue grouillante d'amérindiens. Parfois l'un d'eux, installé debout sur un rocher avec son arc bandé, flèche le poisson d'un geste auguste.

Midi…. Nous faisons halte dix minutes chez la mère de Touini, à l'embouchure du Tampoc, une petite femme aux seins pendants qui s'active au milieu d'une batterie de vaisselle en aluminium étincelante. Comme elle fabrique du très beau couac jaune, je lui en achète un bidon pour trente francs. Pour faire les malins, tous allument de concerts, de longs « tamoulés », même Georges qui ne fume jamais ! Il est vraisemblable que la scène se répétera à Maripasoula, puis à Saint-Laurent, jusqu'à épuisement des cigares.

Le fleuve est de plus en plus large et coule sous un soleil de plomb. Sur la carte, je compte les méandres et barre les villages abandonnés ou disparus. Ils sont nombreux ! À treize heures trente, les abattis se multiplient. Voici le village amérindien d'Aloïké, perché sur la berge. Des arbres dénudés apparaissent et l'on voit surgir, sur le fond d'épinards, les premiers toits de tôle qui brillent au soleil… Maripasoula ! Je me dresse et cherche vainement des yeux quelque silhouette sur la rive qui se rapproche, mais il n'y a pas âme qui vive… C'est la fin du déjeuner ou la sieste. L'accueil est plutôt froid. Un peu dépité, je débarque sur le quai de ciment gris où nous venons d'accoster dignement. Sur le canot immobile, le drapeau est maintenant pudiquement replié. Il n'y a pas un souffle d'air. Me renseignant à l'« Auberge du Maripa », j'apprends que l'avion de Cayenne n'est pas encore arrivé et je comprends donc mieux l'absence de mon épouse, Chantal, au débarcadère.

Quinze heures trente… Depuis une demi-heure, je piétine lamentablement sur l'aérodrome écrasé de soleil, guettant avec les passagers pour Cayenne le « Navajo » qui se fait désirer. Sous le minuscule hangar encombré de fûts d'essence, à côté du gros manguier, il y a un peu d'ombre : c'est la salle d'attente ! Les pigeons roucoulent sur le toit de tôles, les poules caquètent… Enfin, un bruit de moteur lointain se fait entendre vers le nord-est. Derrière les cimes de la forêt, nous voyons surgir le petit avion blanc qui fait un premier passage au-dessus de la piste avant d'atterrir dans un énorme nuage de poussière rouge, particulièrement abondante en raison des travaux de nivellement en cours sur le terrain. Après un demi-tour sur le gazon, le bimoteur de la GAT s'immobilise, déplie son escalier et ce sont les retrouvailles tant attendues…

Samedi 16 septembre

Vingt heures… La journée fut bien paisible, passée sur un banc au bord du fleuve ou bien dans une chaise, sur la terrasse de l'auberge. De mes hommes, peu de nouvelles, sinon quelques demandes d'argent pour acheter du couac ou boire un coup ! Il fait nuit. Nous marchons maintenant dans le petit chemin qui conduit à l'autre bout du village, vers la case de « Mademoiselle Jeanne » où nous avons tous rendez-vous pour le traditionnel dîner de fin de mission. La pièce est petite, les murs sont de bois et les décors faits d'images et de photos découpés dans des calendriers. Peu à peu, nos hommes arrivent, impeccablement vêtus. Le brave Nelson, qui figure également parmi les invités, est le premier et aussi le plus bavard ! Mais il y a une ombre au tableau : l'absence de Georges que personne ne parvient à décider de nous accompagner car ses beaux vêtements « de ville » sont restés chez Zeppina. Or, ce dernier, parti visiter sa nombreuse famille éparpillée sur les bords du fleuve, n'est pas encore rentré. Tant pis ! Le repas est bon mais rapide car un bruit très officiel circule : ce soir, un bal public aura lieu ici même !

Alors, vite ! Le dernier morceau de banane flambée aussitôt avalé, on range les tables et on pousse les bancs contre les cloisons… C'est le bal que nous appellerons du « melting pot », le « bal du bout du monde », d'un autre monde…. Le vieux phonographe au son nasillard vomit ses biguines et ses calypsos assourdissants dans la case exiguë de Mademoiselle Jeanne… C'est ainsi que l'on peut voir Romule et Georges (qui a fini par arriver !), se ressemblant comme deux frères, en chemises cintrées et pantalons pattes d'éléphant dernier cri esquisser des figures de danse à la mode à Cayenne tandis qu'une vieille femme boni aux seins fripés traverse la pièce, drapée dans un pagne blanc et munie de sa progéniture. Pinel, qui est un « vieux » de Maripasoula, est beaucoup moins chic avec son pantalon trop long, tiré vers le haut et bien remonté sur le ventre. Il entraîne Chantal dans une biguine très classique qu'il danse à l'ancienne et…très sagement. Dans l'embrasure de la porte, se profilent quelques amérindiens. L'un d'eux, les cheveux coupés courts, à l'européenne, fait penser à un caboclo (au Brésil, désigne les métis d'européens et d'indiens) de l'Amazonie. Il est vêtu d'un short et de grandes chaussettes blanches. Les marmots se faufilent partout, arborant de joyeuses frimousses. Burgot, complètement ivre, hoquète et titube de ci-de là à travers la salle. Il drague avec frénésie et se trémousse maintenant avec une fillette…

Et, c'est dans cette ambiance surréaliste que s'achève cette longue et rude aventure. Demain tout redeviendra « sérieux » et l'avion qui nous ramènera vers Cayenne nous plongera sans ménagement dans la vie citadine, les problèmes oubliés depuis deux mois et le très long travail de dépouillage des données, des photos et des collections botaniques de cette passionnante mission aux Tumuc-Humac.

Jean-Jacques de Granville

MISSION TUMUC-HUMAC
itinéraire
frontière
roche denudée
ALITANI
KOULÉ-KOULÉ
SURINAM
CHITON
MONGO
(LES TROIS DENTS)
CHUTES
WAAMAHPANN
ICHOLI EPOYANN
WAAMAHPANN EPOYANN
KOULE-KOULE EPOYANN
GUYANE
PALOULOUIMEENPEU
KASSABATIKI
KOULIMAPOPANN
KOUAIPANN
KOUNOÏCHIPANN
TEMOMAIREM
MITARAKA NORD
MITARAKA SUD
MAPAONI
CRIQUE ALAMA
TOUKOUCHIPANN
BRESIL
SOMMET EN CLOCHE
10 km
BORNE FRONTIERE N°1

Récits de missions

En Guyane (1977)

La mission était bloquée à Cayenne et l'ensemble de la campagne de cette année-là compromise faute de moyens pour remonter l'Approuague, puis l'Arataye à partir de la localité de Régina jusqu'au saut Pararé. C'est en effet à cet endroit que l'année précédente nous avions choisi un site pour établir une station d'études écologiques. Après plusieurs prospections à l'intérieur de la Guyane, nous avions fait ce choix sur la base de plusieurs critères. Tout d'abord l'éloignement de toute habitation humaine permanente depuis plusieurs décennies, et un accès relativement facile, exigeant seulement un jour à un jour et demi de navigation à pleine charge. Les exploitations légales d'orpaillage, sous la forme de barges arrimées près des berges du fleuve, étaient très largement en aval sur l'Approuague. Quant à la chasse, elle n'était pratiquée que par un seul homme qui s'en réservait le monopole, en raison de sa connaissance de la région dont il était originaire, étant métis et, paraît-il, dernier descendant de la tribu des indiens Nouragues. Cette tribu peuplait en effet le bassin de l'Approuague jusqu'à la fin du 19e siècle. Enfin le secteur du saut Pararé offrait un transect représentatif de milieux de la forêt de terre ferme qui domine à l'intérieur de la Guyane : rives du fleuve, collines et plateau latéritique, massif granitique des montagnes Balenfois, avec un splendide inselberg marquant la ligne de partage des eaux avec le bassin de la Comté ou Oyak. Mais cette fois nous ne pouvions compter sur l'assistance de la gendarmerie de Régina pour remonter les cours d'eau. Nous devions être autonome pour assurer les rotations régulières de ravitaillement entre le camp de base et Régina. À cet effet, nous avions commandé une grande pirogue à un piroguier Saramaka de Saint-Georges de l'Oyapock, sur la frontière avec le Brésil, et nous avions fait l'acquisition de moteurs hors-bords suffisamment puissants pour pousser les quelques deux tonnes de l'embarcation et son chargement dans les principaux rapides qui nous séparaient de notre but. Seulement voilà, à peine débarqués du Boeing en provenance de Paris, nous avons appris que la pirogue qui devait nous attendre à Régina sous la garde des piroguiers de la gendarmerie était encore à Saint-Georges, par conséquent sur l'Oyapock. En quoi cela posait-il un problème ? Question de géographie. Contrairement aux fleuves d'Amazonie qui constituent un immense réseau de confluents, les fleuves du plateau des Guyanes constituent sur la façade atlantique un ensemble de cours d'eau plus ou moins parallèles, selon une direction grossièrement sud-ouest nord-est, qui se jettent séparément dans l'océan. Rejoindre Régina à partir de Saint-Georges par air représente 60 kilomètres, car à cette époque il n'y avait pas de voies terrestres, mais la distance est de 165 kilomètres par voie aquatique dont une partie importante en mer. Il faut en effet passer d'un estuaire à un autre. Il a toujours été difficile d'établir un agenda strict quand on entreprend une action en Guyane, mais on a connu pire en Amazonie ! Cependant, un autre contretemps intervint : la compagnie aérienne qui assurait la liaison entre Cayenne et Régina ne prenait plus de fret. L'année précédente nous avions loué un bimoteur Aztec dont les sièges avaient été déposés pour loger notre matériel, ce qui nous avait valu cette réflexion : « le Muséum, c'est une entreprise de déménagement ? ». Cette fois il fallait trouver une solution maritime ad hoc sans attendre une problématique liaison entre le port de Cayenne, Saint Georges et Régina. La solution a constitué à remplacer l'avion par le bateau, plus précisément par la location des services d'une « tapouye », une de ces embarcations de taille moyenne qui cabotent entre Cayenne et le Brésil, le long de la côte en butinant dans chacune des embouchures fluviales. L'ensemble de l'équipe scientifique et les manœuvres a ainsi pris place à bord du petit vaisseau, au lever du jour, sur la plage de Montjoly, après avoir fait la chaîne dans l'eau pour charger le matériel, vivres et bagages en attendant la montée de la marée. Ce transbordement matinal n'a pas été sans petits incidents, pris avec une bonne humeur d'ensemble dans l'excitation du départ, comme par exemple la chute dans l'eau de la valise de luxe d'une collaboratrice dont l'autoritarisme et le mépris n'étaient pas appréciés par les manœuvres.

En attente de la marée haute, la tapouye est chargée du matériel et des vivres.

Ceux-ci étaient des jeunes hommes rompus à la vie en forêt et à la navigation sur les fleuves, appartenant aux minorités descendantes d'esclaves qui avaient conquis leur liberté en s'enfonçant à l'ouest dans les forêts de l'intérieur où ils avaient réussi à reconstituer des communautés de type africain, malgré leur diversité d'origine. Qualifiés d'abord par le terme colonial de « nègres marrons », le marronnage évoquant le retour des animaux domestiques à l'état sauvage, ils étaient identifiés comme Saramakas lorsqu'ils venaient des plantations de la Guyane hollandaise, aujourd'hui Surinam, et de Bonis quand ils venaient du moyen et haut Maroni. Le mot boni est en réalité le nom d'un chef historique qui a obtenu au 19e siècle un modus vivendi avec les indiens qu'ils avaient rencontrés dans leur progression vers le sud. C'est le terme

« aluku » qui leur est à présent appliqué, car c'est ainsi qu'ils se reconnaissent. Fiers à juste titre de leur indépendance, ils ne supportent pas un commandement qui n'a pas été négocié au préalable, un contrat ou des consignes, avec un responsable bien identifié. Ce contrat est discuté avant tout engagement, avec les clauses particulières, comme les jours de fête, l'interdiction de chasse dans certains périmètres et pour certaines espèces. Une fois l'itinéraire établi et la durée fixée, une confiance réciproque totale régnait dans une ambiance qui évoquait plus un partenariat quasi-amical qu'une relation entre patron et employés. Cela était dû aux conditions rudes de la vie en forêt partagées également par tous. Si un différend intervenait en cours de mission, il était réglé le soir pour repartir sur des bases saines dès le lendemain. Ils se sentaient investis d'une responsabilité totale, sachant bien que si leur assistance manquait nous n'étions plus que des infirmes, malgré tout notre support matériel. Ils établissaient leur propre hiérarchie au sein des blancs sur la base du contrat, le patron étant celui qui les engage et les paye, mais aussi en fonction de l'attitude des individus à leur égard et leur capacité d'adaptation au milieu. Les scientifiques ne sont pas tous doués de psychologie, ni dénués de préjugés sociaux. Dans ces années 70, certains avaient exercé leurs activités dans les territoires colonisés d'Afrique. Ils ont eu du mal à saisir que les rapports étaient complètement différents en Amérique tropicale, Guyane et Brésil. Paulo Emilio Vanzolini, alors directeur du Musée de Zoologie de Sao Paulo, m'a rapporté l'exemple d'un grand zoologiste français qui, invité à participer à une mission sur l'Amazone, faillit être jeté par-dessus bord par l'équipage en raison de son attitude à leur égard.

Il fut convenu que la pirogue neuve serait convoyée depuis Saint-Georges jusqu'à Ouanary, dans l'embouchure la plus proche, où elle serait prise en remorque jusqu'à Régina par la tapouye. Les longues et étroites pirogues monoxyles, c'est-à-dire creusées à l'herminette dans un seul tronc d'arbre, puis écartées au feu, ne sont pas aptes à la navigation en mer, spécialement dans les estuaires où la marée crée des vagues redoutables. J'ai donc embarqué le même matin à l'aéroport de Rochambeau dans l'avion pour

Saint-Georges, en compagnie de Tingo, jeune aluku dont nous avions remarqué les qualités lors de la mission « Tumuc Humac » de 1972. Il était alors connu sous le nom de « Twini ». Moi-même en boxer-short et débardeur avec pour seul bagage le traditionnel « sac-côté », une vaste musette en grosse toile de marine enduite d'une sorte d'enduit vert pomme. Cet accessoire se trouvait alors dans des commerces vendant les objets nécessaires à la vie en brousse. J'y avais placé hamac, savon, bougies et briquets, ainsi qu'un petit sac étanche contenant papiers et argent. Nous emportions un moteur hors-bord de 25 cv et une nourrice d'essence de 20 litres. C'est ainsi que dès notre arrivée à Saint-Georges nous gagnons le bord de l'Oyapock pour rencontrer le fabriquant de notre pirogue. Après inspection, Tingo équipe l'embarcation. Une belle pièce de bois de 13 mètres de long. Il ajuste le moteur sur l'akaba, ce morceau rapporté à la poupe, taillé dans le contrefort d'un grand arbre. Puis nous avons lesté la pirogue par de gros cailloux pour assurer l'immersion de l'arrière et s'assurer que l'hélice ne sorte pas de l'eau en cas de vague. C'est ainsi qu'au début de l'après-midi nous avons commencé la descente de l'estuaire de l'Oyapock, serrés sur le banc arrière devant le moteur, dans cette immense pirogue vide dont la moitié avant était soulevée au-dessus de l'eau, proue pointant vers le ciel. Rapidement nous avons atteint la zone de mer, avant de nous engager à bâbord dans l'embouchure de la rivière Ouanary. Les rives s'abaissent autant qu'elles s'éloignent de l'embarcation filant au milieu des eaux qui sont soulevées par des vagues régulières qu'il s'agit d'affronter de face. Nous entrons dans le domaine de la mangrove, forêt de palétuviers, inondée et nettement plus basse que la forêt de terre ferme. L'embouchure devient si large qu'il est difficile de distinguer ce qui est rive de ce qui est déjà la mer. Je songe à présent à notre imprudence, car sans gilet de sauvetage et à plusieurs kilomètres des rives dans les estuaires, tout renversement par une vague signifiait la mort certaine. On comprend la difficulté rencontrée par les premiers navigateurs, qui ont été parfois incapables de retrouver les embouchures des fleuves proches de l'Amazone lorsqu'il n'y a aucun relief pour faire le point. Bien qu'il ne soit jamais venu dans cette région et qu'il soit un homme des fleuves de l'intérieur, spécialiste du passage des rapides, voilà le pilote qui s'affronte aux premières vagues marines. Il lui faut éviter que la pirogue, dressée sur son quart arrière, ne prenne les vagues par le travers. Mais surtout je me demande encore quel est le sens qui lui a permis si facilement de changer de cap, en tournant habilement le dos aux vagues de la marée, pour s'engager dans l'embouchure d'un autre cours d'eau. Sans carte ni compas, il nous conduit dans la rivière Ouanary, modeste cours d'eau qui nous apparaît peu à peu par l'apparition des rives qui se rapprochent. En fin d'après-midi nous abordons le ponton de débarquement de la localité de Ouanary. Un chemin bétonné monte vers le village, composé de cases indiennes non surélevées. Cette « commune » s'étend dans le territoire traditionnellement occupé par les indiens Palikur. Nous nous dirigeons vers l'habitation du maire pour l'informer de notre passage et de l'arrivée pour le lendemain de la tapouye. Ce personnage trônait en pagne au centre d'une case et je m'assis en face de lui pour me présenter, sans qu'il nous dise un mot d'accueil ni ne manifeste aucune surprise ou curiosité. J'eus l'impression de débarquer dans un monde parallèle, hors du temps et dont la localisation était improbable. Mais mon interlocuteur ne tarde pas à commencer un discours fleuve dont la rhétorique était celle d'un instituteur de la troisième république. Dans ce flot de lieux communs dont je saisis mal la pertinence vis-à-vis des circonstances présentes, l'élu municipal glisse des remarques désagréables franchement colonialistes à relent racistes sur les accommodements accordés en Guyane aux minorités ethniques noires et indiennes. Manifestement, ce discours était destiné à provoquer mon compagnon. Intérieurement, je mesurais la puissance de l'idéologie dominante capable de produire un tel niveau d'aliénation chez quelqu'un qui était lui-même un descendant d'esclaves. Un certain recul me permettait d'apprécier le décalage entre ce créole en pagne qui tenait les propos d'une remise des prix dans une école publique des années 1882, le prix étant sans doute cet édifiant ouvrage intitulé « le tour de la France par deux enfants, devoir et patrie », où à la page 188 on apprenait que « la race blanche, la plus parfaite des races humaines, habite surtout l'Europe ». Ce n'est pas la tenue vestimentaire qui paraissait décalée, car elle était au contraire adaptée à la situation et j'étais moi-même dans une tenue comparable, mais l'indécence d'un discours d'un autre âge dans la bouche d'une victime de ce genre de rhétorique. Mon compagnon d'ébène, assis à l'écart, ne bronche pas. Le comble survient lorsqu'une jeune indienne traverse la pièce et que le potentat s'écrie d'un air triomphal : « voici ma maîtresse ». Comme l'édile ne nous proposait rien d'autre qu'une cabane non loin de l'embarcadère pour passer la nuit, nous prîmes congé et redescendîmes la voie bétonnée. D'ordinaire, lorsqu'un étranger s'arrête dans une habitation au bord d'un fleuve ou dans un village de forêt, et j'en avais fait l'expérience en Guyane comme en Amazonie, il est accueilli avec joie. Souvent une part importante des habitants se pressent pour le rencontrer. Il est invité par le responsable qui lui offre une collation ou bien on le dirige vers une dame qui lui prépare un repas. Même l'arrêt dans la dernière habitation, avant d'entreprendre une hasardeuse remontée d'une rivière, est toujours une occasion pour échanger des nouvelles, ou des propos futiles, en avalant le « décollage », le « ti'punch » du matin. Et puis ce sont les saluts d'adieu tandis que la pirogue s'éloigne du dégrad où sont groupés les habitants. Ici, rien de tout cela, mais au contraire une réserve, une attitude distante de la part du responsable et par mimétisme du reste de la population. Je découvrais une mini- tyrannie sous le couvert des lois républicaines.

Nous prenons possession de la case, cube de planches sans fenêtre. J'aurais préféré un carbet pour accrocher mon hamac à l'air libre. Mais ceci convenait à mon compagnon, car dans les villages aluku les cases sont fermées hermétiquement. Il me demande même qu'une bougie soit allumée pendant la durée de la nuit. Lorsque je lui demande ce qu'il pensait du « Monsieur que nous venons de voir », il me répond simplement : « Il parle trop ». Le lendemain, lorsque le jour a commencé à filtrer sous la porte, nous avons plié nos maigres bagages et nous asseyant sur le ponton nous attendons la tapouye et le reste de l'équipe. À son arrivée, sans attendre, il faut arrimer la pirogue neuve à l'arrière de l'embarcation et retourner en mer pour gagner vers le nord l'embouchure de l'Approuague, remonter l'estuaire et atteindre Régina avant la nuit. L'accostage se fit sous une pluie torrentielle, et comme je n'étais vêtu que d'un boxer short je sautai sur le ponton pour recevoir le bout et amarrer la tapouye.

Régina, tout petit bourg au fond de l'estuaire de l'Approuague, dans la zone des marées, vivait grâce à sa situation qui en avait fait le départ de toutes les exploitations aurifères, puis du bois de rose. Plus récemment, la rive gauche avait permis la mise en place d'une piste d'atterrissage. C'est en effet par milliers que des personnes ont emprunté le chemin vers l'Arataye, affluent de l'Approuague où l'or a été découvert en 1855 par Paolino, indien du Brésil, et exploité massivement pendant encore une partie du XXe siècle. Le bois de rose exploité pour son essence dans les Montagnes Balenfois a pris le relais en empruntant les mêmes voies. Vers 1975, un camp de la Légion étrangère avait été installé en amont de Régina. Son objectif était d'ouvrir une piste qui devait devenir la route unissant Cayenne à Saint-Georges de l'Oyapock, c'est–à-dire la communication terrestre avec l'état brésilien d'Amapa. Les environs de Régina sont constitués de terres basses où la forêt est en partie inondée lorsque la marée est haute. Sur la rive droite, de petites criques serpentent dans cette forêt. La circulation de nuit dans ce réseau est une occasion de découvrir un paysage fantastique, en particulier par temps de pleine lune. Ainsi, un de ces soirs j'ai la chance de suivre l'évolution d'un coendou, ce gros rongeur arboricole à queue prenante, circulant dans les frondaisons de cette forêt inondée.

Cours d'eau impliqués dans les missions du Muséum.

Pour gagner le saut Pararé, nous avions jusqu'alors bénéficié d'un accord avec les gendarmes basés à Régina pour qui c'était une occasion de faire une tournée dans leur district fluvial. Mais à présent nous disposons de notre propre embarcation, la pirogue du Muséum, cette pièce de bois de 13 mètres de long que nous allons charger de tout notre matériel et vivres. Régina offrait peu de ressources. Nous y achetons néanmoins quelques produits frais pour les premiers jours. Nos missions se déroulaient généralement dans la période de la « petite saison sèche », en mars-avril, vers le milieu de la saison des grandes pluies qui tombent de la fin décembre au début juillet. Cependant, nous avons connu des surprises météorologiques, comme en 1976 où il est tombé la presque totalité de la pluie annuelle au cours de trois premiers mois de l'année. Cette période de l'année est favorable pour des raisons pratiques et scientifiques. Scientifiques, car c'est la période où se reproduisent de nombreux êtres vivants dans la forêt, plantes et animaux. Les eaux sont hautes, alimentées par les pluies de décembre à février, permettant le passage plus aisé des rapides, les « sauts », ces véritables marches d'escalier qui interrompent régulièrement tous les fleuves de Guyane. Les sauts les plus importants sont constitués par des étendues de rochers qui créent une multitude de chéneaux plus ou moins étroits où l'eau s'engage avec violence. Tout le savoir-faire des piroguiers est de localiser les passages possibles, en tenant compte de la taille de l'embarcation, du chargement et de la puissance du moteur. La réussite du passage d'un saut repose sur un couple d'hommes et leur parfaite synchronisation. Debout à la proue sur une minuscule tablette, le « bossman » scrute les remous, une longue perche, le « takari » dans une main tandis que de l'autre il communique au motoriste la manœuvre nécessaire par de petits gestes de chef d'orchestre. Ainsi par de multiple zig-zag entre les rochers qui souvent frôle les bordages, au milieu des fleurs de la « salade koumarou », une plante caractéristique de ces eaux agitées (*Moureria fluvatilis*), la pirogue progresse centimètre par centimètre face au courant. Il n'est pas rare qu'une mission ait connu un naufrage dans ces moments délicats. Il suffit que la pirogue heurte un rocher avant que le bossman emploie le takari pour s'en éloigner et soit mise en travers du courant. L'eau s'engouffre alors et fait couler cette énorme pièce faite d'un bois qui ne flotte pas. Il se peut aussi que le moteur cale ou bien que l'hélice soit désintégrée au contact d'une roche. Nous n'avons heureusement jamais connu ce désastre. Parfois la traversée d'un ensemble de rapides est facilitée par la présence de « bistouris ». Il s'agit de bras calmes, raccourcis créés par l'érosion qui court-circuite une partie de la zone rocheuse en passant dans la forêt. En quittant Régina, deux heures après le départ, on rencontre un premier ensemble de rapides, Saut Mapaou. C'est un baptême pour les nouveaux arrivants, chercheurs et étudiants débutant leur travail en Guyane. Tassés l'un contre l'autre sur les planches faisant office de siège, on est alternativement soumis à l'ardeur du soleil ou fouettés par la pluie tandis qui file la pirogue. Du soleil, on sait qu'on en sera quasiment privé ensuite, car il ne parvient au sol sous la forêt que sous la forme de taches. Une pause rituelle est effectuée environ trois heures et demie après le départ sur une petite île basse, ilet Lézard. C'est l'occasion pour les piroguiers de souffler un peu, de manger et de tenter une pêche, très généralement fructueuse, qui assurera une partie du dîner. On mouille une poignée de couac extraite d'un récipient étanche et on y place le contenu d'une boîte de sardines. Le couac est une sorte de semoule formée par le manioc râpé et grillé, base de tout repas et aliment de survie par excellence. L'Approuague est encore assez large en amont des rapides qui délimitent la zone d'influence des marées et la pirogue file non loin d'une berge, évitant d'affronter le fort du courant. C'est à quelques mètres de la lisière d'une forêt dont la composition devient peu à peu celle des « grands bois », la forêt de terre ferme. De temps en temps de grands arbres dominent le niveau général de la canopée et on découvre sur les bords une sorte de coupe naturelle de la forêt, cicatrisée par une barrière végétale composée d'arbustes et de plantes aux feuilles acérées, ce qui rend très difficile tout débarquement avec le risque d'être tailladé par les « herbes rasoirs ». Pour espérer pénétrer dans la forêt, il faut trouver un « dégrad », une berge en pente douce et dont l'emploi répété a fini par la transformer en une sorte de petit port pour les navigateurs. Souvent la pirogue file au-dessous de la frondaison et le passager situé du côté de la berge voit défiler pendant des heures le reflet de la végétation qui dans le sillage prend la forme hypnotique d'une succession ininterrompue de taches rectangulaires. Le bossman scrute sans cesse la frondaison et si un iguane vert reposant sur une branche est signalé, il est tiré pour agrémenter le dîner. Entrainés depuis l'enfance à repérer les animaux dans ce milieu si complexe, les indiens comme les noirs réfugiés, saramaka et aluku, possèdent une stupéfiante acuité visuelle pour repérer les animaux comestibles malgré leur homochromie. L'irruption d'une pirogue au voisinage des berges perturbe la vie animale. Les grands martin-pêcheur (Ceryle vert) font des boucles tout le long du parcours en regagnant leur site de guet après avoir été dérangés. Voilà un énorme Anaconda enroulé comme une pile de pneus sur une roche. Un grand tamanoir traverse le fleuve. Chaque heure est émaillée de rencontres. En haut d'arbres dominants, des singes-hurleurs, les alouates nommés localement baboun, font leur sieste. On passe devant un petit affluent, la crique Ekiny, puis le saut Taconet, et on parvient après six heures de navigation au site de Pierrette. Sur la rive gauche en haut de la berge élevée se dresse une belle construction. Il s'agit du siège du poste administratif et médical en exercice à l'époque où le bassin de l'Approuague était l'objet d'un trafic important. À partir d'une habitation nommée Bita, un sentier s'enfonçait vers le nord pour rejoindre les placers de Coco. Abandonnée depuis de nombreuses années, cette bâtisse offrait encore dans les années 1970 un abri pour une halte, en particulier si on y parvenait à la fin du jour. Construite en bois selon un plan colonial classique, cette maison surélevée comprenait plusieurs pièces et était entourée d'une coursive protégée par le toit formant auvent. La face tournée vers le fleuve était en assez bon état, tandis que celle qui regardait la forêt était dégradée avec de nombreux éléments réduits en miette par les moisissures du bois. Pourtant la forêt n'était pas encore parvenue au contact de l'habitation, mais il y avait déjà quelques grands arbres pionniers qui surmontaient de très grands citronniers devenus sauvages, vestige d'un verger. Une zone de végétation basse s'étendait un peu plus loin, reste de pâturage dans lequel il y eut paraît-il un troupeau de bovins. La légende courait qu'il était dangereux de s'aventurer dans ces parages où auraient survécu de dangereux bovidés retournés à l'état sauvage. À ce propos, il y aurait tout un chapitre à faire sur les légendes qui se racontent le soir au coin du feu sur les berges des fleuves d'Amazonie et de Guyane. Mais revenons à la confluence de l'Arataye et de l'Approuague qui se situe à une vingtaine de minutes de navigation depuis Pierette. On passe devant une zone basse sur la rive gauche, où les « sassa » s'ébattent dans les arbustes au-dessus de l'eau, curieux oiseaux appelés hoazin, *Opisthocomus hoazin.* De la taille de gros faisans, ils ont la double particularité de ruminer les feuilles qu'ils mâchent grâce à leur bec et de posséder des griffes aux ailes qui donnent aux poussins la capacité de grimper dans la végétation. Puis, on quitte alors ce qui est encore un véritable fleuve pour s'engager dans les méandres d'une rivière aux eaux noires dont les rives sont rapprochées, de telle sorte que nous passons souvent sous la frondaison des grands arbres, en particulier d'Inga dont les longues gousses pendent si bas qu'il est possible de les cueillir depuis la pirogue. Les graines ou « pois sucrés » constituent des appâts pour les gros poissons qui fréquentent les rapides, les Paku ou Koumarou (*Myleus rhomboidalis*).

Entrée au Saut Pararé sur l'Arataye, Guyane.

La première fois que nous avons remonté l'Arataye dans le but de trouver un site pour un camp de recherches, nous nous sommes heurtés à la série de rapides du Saut Pararé où le cours d'eau traverse l'extrémité de la chaîne des Montagnes Balenfois. Pour établir un camp il est nécessaire de repérer une zone de dégrad. Or, en terre ferme les berges sont généralement hautes, formant une véritable tranchée garnie par le rideau continu de la végétation arbustive. Les rives basses des coudes offrent des possibilités de débarquement sur des plages de sable, mais elles sont le plus souvent colonisées par des formations herbacées hostiles, bardées d'épines et de feuilles tranchantes comme des rasoirs et il faut parcourir une grande distance avant de trouver des sols secs susceptibles de recevoir un campement non inondable en cas de crues. Le dégrad doit donc être réalisé sur une berge élevée, un talus qu'il faut aménager avec un escalier pour acheminer le matériel jusqu'à une plateforme, une ancienne terrasse du fleuve. C'est toujours une épreuve sachant que les va-et-vient entre la pirogue et la plateforme rendent le chemin glissant, malgré la pose de rondins. Après avoir franchi une première marche, le saut Pararé offre un ensemble d'îles et de berges hautes occupées par de grands arbres sous lesquels le sol est assez dégagé. C'est précisément sur une plateforme sous ces grands arbres, dans une belle forêt que nous avons établi notre premier camp sur la rive gauche. Des carbets sont vite construits. Il s'agit d'abris rectangulaires constitués basiquement de six poteaux robustes, les médians étant réservés à l'attache des hamacs et de transverses liés par des lianes. Le nombre et donc les dimensions en largeur peuvent varier en fonction du nombre des occupants, mais la proximité de la bordure risque de mettre l'occupant à la merci d'une pluie oblique. Le toit est fait d'une épaisse couche de palmes. Un premier établissement demande donc un certain temps pendant lequel l'équipe des piroguiers se transforme en équipe de bâtisseurs, chacun allant chercher à l'entour, poteaux, palmes et lianes. C'est pourquoi le temps de navigation est calculé pour réserver le temps de construction avant que la nuit tombe vers six heures et demie.

Camp temporaire au saut Pararé.

Les aménagements de confort sont effectués dans les jours suivants, plateforme pour les vivres et le matériel scientifique, tables de travail et sièges. Au saut Pararé les carbets ont été rapidement agrandis. Les manœuvres se sont établis à l'écart dans des cases fermées selon leurs coutumes. Un peu en amont du dégrad, une zone d'eau calme offre une baignade réconfortante sous les yeux d'un caïman que notre présence n'a guère dérangé. Il convient de préciser qu'il s'agissait d'un « caïman rouge » (*Paleosuchus trigonatus*) qui ne dépasse pas un mètre cinquante en longueur et n'est pas agressif.

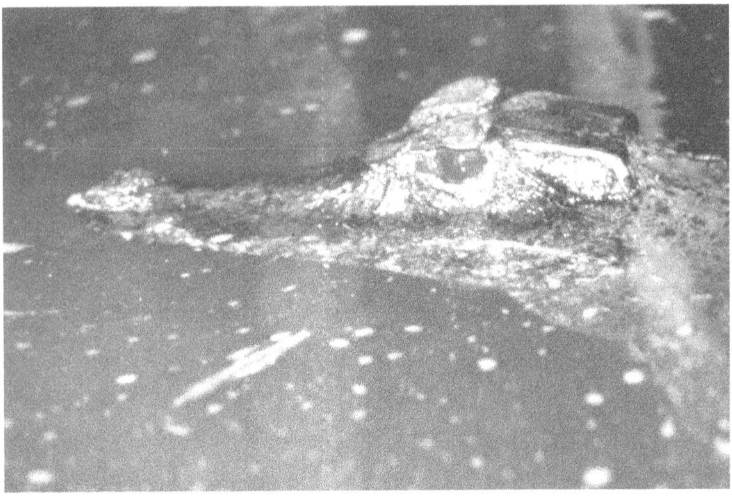

Le petit caïman de rivière, *Paleosuchus trigonatus.*

Une communauté de Robinsons

La réunion de plusieurs chercheurs ayant chacun leur spécialité ainsi que leurs objectifs personnels paraît à première vue contraire à l'organisation d'une opération unitaire. Il ne faut pas cacher que des conflits naissent parfois, en raison d'une certaine tendance monomaniaque du chercheur et de l'intransigeance de certaines personnalités. L'objectif commun, discuté et fixé avant le départ, le plus souvent un an à l'avance, repose essentiellement sur des données géographiques et chronologiques, choix des sites d'études et de la saison à partir de considérations scientifiques. Cartes et photographies aériennes, données météorologiques, bibliographie, sont réunies et discutées pour dégager les profils d'actions adaptés à chaque spécialité. Bien évidemment, des compromis sont nécessaires en raison des différences entre les objets d'étude : la phénologie des plantes n'est pas toujours en accord avec la période de la reproduction de tel groupe d'animaux. Il y avait aussi une marge d'incertitude géographique et météorologique à une époque où les données satellitaires étaient très débutantes : pas de GPS, pas de cartes vérifiées au sol, mais des interprétations de photos aériennes. Enfin, le programme ayant été fixé, il faut faire l'inventaire du matériel nécessaire et établir le budget. À ce propos, il est nécessaire de dire qu'à cette époque pas si lointaine, le responsable désigné était entièrement maître de l'emploi des crédits attribués. Il devait en rendre compte a posteriori et disposait donc de la capacité à engager à tout moment les fonds mis à sa disposition par le Trésor public en fonction des besoins immédiats et imprévus. Attributaire d'une délégation de signature, le chef de mission devenait chef d'entreprise et devait en fin de séjour à Cayenne régulariser auprès de Sécurité Sociale locale les dossiers des personnes employées au nom du Muséum. Cette liberté d'action nécessaire à la réussite des missions a depuis disparu. Beaucoup des décisions prises alors seraient aujourd'hui considérées comme illégales ! La centralisation administrative et l'absence de confiance a fait disparaître l'initiative et rend le missionnaire impuissant face à l'imprévu qui est pourtant le lot commun sur le terrain.

Une fois sur place, dans un camp aménagé, chacun organise sa journée. La vie en forêt est psychologiquement très éprouvante. En effet, de jour comme de nuit, on se trouve au centre d'une bulle d'environ 35 mètres de diamètre, plongé dans la pénombre, aux mieux constellés de taches de lumière sur le sol. Les jours de pluie il fait à peine jour et il est impossible d'échapper à un aérosol permanent. Tout juste, le soir venu, peut-on, après avoir secoué la boue et séché ses pieds, se glisser dans un hamac, c'est-à-dire « hors-sol ». Très rapidement l'humidité ambiante déclenche la pourriture de tout ce qui est organique. C'est pourquoi il est nécessaire de se fixer un plan rigoureux, une suite d'activités rythmant la journée et souvent une partie de la nuit qui dure douze heures en toute saison. L'installation sur l'Arataye a rompu avec la pratique nomade des années précédentes, celle de la subsistance reposant sur le prélèvement de notre nourriture directement sur le milieu. La pratique de la chasse n'est pas compatible avec l'objectif du passage de l'inventaire à l'étude des interactions écologiques. Le fusil a été interdit à partir de la crique Japiny. En revanche, les travaux nécessitant des prélèvements intensifs, en particulier pour l'emploi de statistiques, ainsi que la chasse ciblée et la pêche alimentaire, ont été pratiqués en aval et sur la rive droite. Aucune dérogation n'étant acceptée ceci n'a pas sans soulever quelques protestations de la part de nos aides locaux qui se sentaient lésés à la rencontre de gibier potentiel, avec le seul plaisir de l'observation. Il y eu aussi des réticences de la part de chercheurs novices qui ressentaient de l'insécurité lorsqu'ils travaillaient la nuit. Il faut reconnaître qu'il est difficile d'acquérir suffisamment de maîtrise et de confiance lorsque vous croisez un puma ou un jaguar, armé seulement d'un sabre.

La première mission qui nous permit de choisir la station de l'Arataye fut principalement occupée par la reconnaissance du territoire et un aménagement des espaces à étudier. Ce qui signifie que chacun des participants réserve une partie de son temps à tracer des layons et à reporter les éléments du relief sur une cartographie provisoire. Ces relevés de terrain, associés à des premières observations sur le type de végétation et les rencontres faunistiques, se font en petite équipe, un boussolier pour tenir le cap, un métreur portant la boîte à partir de laquelle se dévide le topofil, ce fil d'Ariane qui permet à la fois de retrouver le chemin et de mesurer les distances. Un premier tracé a été établi en suivant le fleuve, vers l'aval et l'amont du camp. On a pu ainsi se rendre compte de la diversité des milieux, forêt de colline, bas-fonds à palmiers pinots (*Euterpe*), formations bambusiformes appelées localement « cambrouzes », petites falaises de latérite. Nous recoupions aussi sans cesse une petite crique qui méandrait avant de se jeter dans l'Arataye, ainsi que les vestiges d'activités humaines récentes, larges layons de prospections minières, et le reste d'un pont, probablement sur la voie empruntée par les porteurs de bois de rose. En effet, le bois de rose véritable, un arbre endémique de la région guyano-amazonienne est une Lauracée (*Aniba rosaeodora)* longtemps exploitée pour son huile essentielle utilisée en parfumerie et plus récemment en aromathérapie. Jusqu'à la fermeture de la dernière usine à Régina en 1970, les arbres étaient extraits de la forêt intérieure, débités sur place et transportés à dos d'hommes par des sentiers jusqu'au dégrad de l'Arataye an aval du saut Pararé. J'ai pu recueillir le témoignage d'un de ces porteurs. Il m'a appris que les bûches étaient chargées dans des hottes et les porteurs, lestés d'une soixantaine de kilos, circulaient la nuit, pour profiter de la fraîcheur, sur des sentiers longeant l'Arataye à partir de l'amont où étaient les sites d'extraction. Les forêts d'Amazonie se caractérisent par l'abondance des espèces et la faiblesse des populations pour chaque espèce. Cette dispersion assure une protection contre la propagation de facteurs nuisibles, d'origine diverses, depuis les virus jusqu'aux prédateurs. Cette caractéristique issue de l'évolution des communautés vivantes est contraire aux intérêts économiques immédiats de l'être humain qui cherche à simplifier pour parvenir au plus vite aux ressources. Cette attitude est la source des menaces qui pèsent sur le maintien de ces forêts. On connait les difficultés rencontrées par les essais de monoculture intensive et le recours sans fin à des agents artificiels, intrants et pesticides. Dans la forêt, chaque arbre doit être cherché, car il est isolé. L'exploitation a donc un coût en travail. Tant que les conditions économiques l'ont permise le bois de rose a représenté une source de richesse en Guyane. Puis, la ressource étant surexploitée, et la main d'œuvre coutant plus, l'exploitation a cessé. Un arrêté ministériel protège à présent le bois de rose de Guyane. D'autres sources naturelles et de synthèse lui ont été substituées. Ainsi, contrairement aux missions précédentes et particulièrement celles effectuées dans les confins du sud de la Guyane comme celle dans les « Tumuc Humac » en 1972, nous nous trouvions dans une zone où étaient intervenues des activités du colonisateur. Bien entendu, nous étions conscients du mythe de la forêt vierge en ayant constaté les témoignages de la présence amérindienne dans les endroits les plus reculés. Ayant effectué en parallèle des missions en Amazonie du nord-ouest j'avais pu voir des clichés radar de ces régions qui révélaient les tracés d'immenses exploitations agricoles anciennes au-dessous du couvert forestier actuel, datant de périodes précolombiennes. Cependant, malgré son aspect généralement brutal, l'intrusion de type européen n'avait pu avoir que peu d'impact, car elle était limitée à des couloirs, les fleuves et les sentiers. Dès le début de notre prospection, nous en fûmes persuadés en raison de la richesse de la faune et de ses éléments qui constituent un gibier. Les singes-araignées ou kwata (*Ateles paniscus*) étaient très présents par bandes familiales, or ce sont les premières victimes de la chasse en raison de leur comportement volontiers démonstratif, de hurlement, simulation de descente et jet de branches cassées en présence d'humains au sol. De même, l'existence de ce que nous appelions « boulevards à tapirs », ces signes de passages répétés du plus gros mammifère de la forêt dans la végétation du sous-bois entre le sommet de collines et les cours d'eau.

Nous avons entrepris de tracer tout un système quadrangulaire de layons pour faciliter et normaliser les observations. Des surprises désagréables n'ont pas manqué. Ainsi, en raison de l'impréparation de naturalistes aux techniques de relevés topographiques propres plutôt aux sciences de la terre, de la présence de masses métalliques dans la cuirasse latéritique ancienne constituant la matrice des collines au voisinage du fleuve, ce qui perturbait nos boussoles, et enfin de la succession des pentes compliquant le report sur un plan des distances parcourues, car il aurait fallu introduire une mesure des pentes et un calcul trigonométrique, les plans résultant étaient parfois fantaisistes. Toutefois, l'essentiel est de situer les observations sur un plan même imparfait de façon à pouvoir les répéter et les contrôler et aussi d'éviter tout simplement de se perdre. Les carrefours étaient signalés par des plaques métalliques réalisées à partir de boîtes de conserves dans lesquelles une numérotation était figurée par une suite de trous ! Ces techniques tout artisanales font aujourd'hui sourire, mais la microinformatique n'en était alors qu'à ses balbutiements, sans évoquer le GPS. Le système choisi combinait lettres en latitude et chiffres romains en longitude. En réalité, nous avons concentré toute l'activité scientifique sur une superficie de 6 hectares. La base de référence était constituée par le layon initial qui réunissait deux points de la rive gauche de l'Arataye distants de 5 kilomètres, aboutissant en amont de l'ensemble des rapides du saut Pararé et du saut Couy, à la confluence avec la crique Balenfois. Tous les accidents de terrain rencontrés le long de ce sentier, pentes, crêtes rocheuses, bas-fonds marécageux et traversées de crique, ont été notés. La série des layons dirigés vers l'intérieur du territoire montaient en direction nord avec un azimut de 13°. Le layon le plus employé fut le X car le plus proche du camp. Il a servi de référence pour la prospection vers l'intérieur avec l'aide au début d'une carte provisoire au 1 :200.000 produite par l'Institut Géologique National (IGN) qui nous avait été procurée par les géologues du Bureau des Recherches Géologiques et Minières (BRGM). Les seuls instruments utiles au sol étaient à cette époque la boussole et l'altimètre, conjugués à des photographies aériennes. En préparant à Paris nos premières missions en Guyane, nous avions pris contact avec deux chercheurs de l'IGN, Pierre Fresnay et Jean-Marcel Hurault, qui avaient participé dans les années 1950 à la mission dont le but était de poser les bornes de la frontière avec le Brésil sur les confins sud. Les publications de Jean-Marcel Hurault sont devenues des références pour la connaissance des populations autochtones de l'intérieur. Nous avons bénéficié de leurs précieux conseils à nos débuts mais aussi tout au long de nos travaux ultérieurs sur les inselbergs. Les photographies aériennes qu'ils nous ont procurées nous ont guidés dans le choix de cette zone, car elles révèlent que le saut Pararé est à la base d'un quadrilatère dont le sommet est fermé par les reliefs granitiques des Montagnes Balenfois comprenant un inselberg, limitant une ligne de partage des eaux avec le bassin de la Comté.

L'inselberg des Nouragues

Le botaniste Claude Sastre et moi-même avons décidé d'aller voir à quoi ressemblait cet inselberg. Le pilote Susky, figure légendaire du ciel guyanais, nous avait montré une photo de cette montagne, alors que nous partagions un repas à Saint-Georges de l'Oyapock, dans le restaurant réputé de Modestine. Devant notre surprise sur la précision du cliché, Susky avait simplement expliqué qu'il avait foncé sur la falaise, prit le cliché, et redressé son avion au dernier moment. L'un et l'autre nous connaissions ces curieuses formations géologiques, car nous en avions visité plusieurs. D'abord dans le massif du Mitaraka au cours de la mission « Tumuc Humac » en 1972, puis au Mont Saint Marcel en 1976. Les inselbergs sont des formations rocheuses qui s'élèvent brusquement au-dessus du niveau général des paysages, et en milieu tropical humide, au-dessus de la canopée. Il s'agit de roches éruptives très anciennes, en Guyane un granite âgé de plus de deux milliards d'années. Les effets de l'érosion sont responsables de leur forme qui tend vers le pain de sucre. La roche est directement exposée à l'alternance des rayons solaires et des pluies torrentielles. Alors qu'il s'agit d'un granite rosé dit « caraïbe », la surface est colorée par un film vivant constitué par un feutrage vert sombre de Cyanobactéries. Ces microorganismes appelés autrefois « algues bleues » sont parmi les plus anciens êtres vivants, responsables depuis environ 3,5 milliards d'années de l'enrichissement progressif de notre atmosphère en oxygène, grâce à leur action photosynthétique. La coloration de la roche varie d'un instant à l'autre selon le degré d'imbibition du biofilm, du vert sombre au rouge. Producteurs on ne peut plus primaires de matière organique, ces organismes constituent la base de ces écosystèmes singuliers et permettent le développement d'espèces végétales adaptées à ces conditions extrêmes. Le contraste est saisissant entre ces formations et la forêt qui les entoure.

Le 28 août 1977, à 8 heures 45, nous partons vers l'inselberg en traversant les cinq kilomètres d'un plateau faiblement incliné formé par une cuirasse de latérite ancienne, signe d'une probable période où la forêt n'avait pu se maintenir. Le sol mis à nu avait alors été l'objet d'une percolation de composés ferriques à partir du socle de roches métamorphiques. C'est le danger qui guette toute déforestation. La pleine saison sèche était évidemment favorable à cette excursion : pas de pluie, pleine lumière en sous-bois, sol sec, feuilles mortes de la litière craquant sous les pas. La forêt était impressionnante, avec des arbres très hauts, distants les uns des autres, et peu de végétation en sous-bois. C'est à 11h15 que nous découvrons entre les arbres la silhouette de l'inselberg, offrant la vue de cette falaise que le téméraire pilote nous avait montrée. Nous sommes en effet parvenus au bord du plateau latéritique et commence alors une descente. Vers 16h nous choisissons un lieu pour un campement sommaire et nous partons allégés avec un cap de 355° au travers d'une forêt riche en lianes et chablis jusqu'au pied de la montagne. Une belle crique encaissée apparaît, coulant vers le sud-ouest. En fait, nous sommes face à la faille qui sépare le plateau latéritique du massif granitique. À peine la crique franchie sur un gros tronc, on rencontre les énormes boules de granite caractéristiques des bas de pentes des inselbergs. Empruntant un sentier « de viande », passage de grands mammifères entre les crêtes et la crique, nous montons par un éboulis et de là se découvre le flanc sud-ouest de la montagne avec ses plaques de roche nue en forte pente. Cette pente est interrompue par endroit de cols d'éboulis et au-dessous de l'un d'eux on peut entendre couler de l'eau. À 17h50 on parvient dans une zone couverte d'une forêt basse qui laisse voir le sommet principal. Mais il est encore loin et la pente très forte oblige à s'aider des arbustes pour progresser. Il est temps de revenir au camp avant la nuit, nous reposer dans nos hamacs simplement tendus entre les arbres. C'est donc le lendemain à 11h30 que l'on atteint le sommet.

La pente sud de l'inselberg, granite coloré par le biofilm de Cyanobactéries.

Un panorama splendide s'offre vers le sud, les môles des Montagnes Balenfois à droite, qui sont des inselbergs colonisés par la forêt, et en face toute la plaine de la rive droite de l'Arataye jusqu'à l'Approuague. Des taches de milieu ouvert au contour très régulier apparaissent sur les flancs des Montagnes Balenfois, ce sont des cambrouzes. Nous avions goûté les désagréments de ces milieux, car il avait fallu en traverser lorsqu'on avait tracé les layons rectilignes. Ce sont des peuplements quasi monospécifiques d'herbes géantes, souvent *Lasiacis ligulata*, ressemblant à un bambou. Au voisinage du fleuve, il s'agit parfois de véritables bambous. La densité est telle que leur traversée est longue et fatigante. Une fois ouvert à coup de sabre, le sentier devient un tunnel surchauffé. La régularité du contour et leur dispersion dans le couvert forestier nous intriguent. Cela évoque des sites de villages qui auraient été abandonnés. Le sol des villages indiens est en effet toujours soigneusement désherbé et piétiné. Lorsqu'ils sont abandonnés, la végétation ne revient que très lentement, contrairement aux parcelles cultivées.

Vue vers le sud-ouest à partir du sommet de l'inselberg dit « des Nouragues » en août 1977.

C'est pourquoi ces nombreuses cambrouzes nous font penser à l'existence passée de plusieurs tribus amérindiennes à l'intérieur de la Guyane, et en particulier dans la région que nous explorions. De retour à Paris, nous nous sommes documentés sur le passé des peuples amérindiens dans les Guyanes et consulté le livre publié par Hurault en 1972 qui révèle la densité des diverses tribus dispersées à l'intérieur du territoire jusqu'au début du XIXe siècle. Flânant un jour dans des librairies, j'ai découvert un livre datant de 1857 consacré à l'histoire des missions de la Compagnie de Jésus en Guyane française. J'y trouvai le récit commenté du voyage entrepris par le père Grillet, envoyé avec le père Béchamel par leurs supérieurs pour évangéliser les indiens de l'intérieur. Ce texte, qui est la lettre destinée au supérieur à l'issue de la mission, avait été publié en 1682 dans la « Relation de la Rivière des amazones ». Il est tellement riche de détails sur des lieux et des hommes totalement inconnus des européens qu'il servit longtemps de référence géographique et fut à la source de cartographies jusqu'à la fin du XIXe siècle. Partis de Cayenne, les deux religieux remontèrent le fleuve alors nommé Uvia ou Oyac. C'est la Comté, exactement la Comté de Gennes du nom du Comte de Gennes qui possédait des concessions le long de ce cours d'eau. Leur objectif était de rencontrer la tribu des Nouragues, établis sur tout le cours de l'Approuague, mais ils ont évité la remontée de ce fleuve réputé dangereux en raison de ses rapides, et sont passés par voie de terre. Ils étaient accompagnés par des indiens Galibis qui occupent le littoral, et servaient de guides et d'intermédiaires entre les populations de l'intérieur et ceux de la côte, donc avec les premiers européens. L'itinéraire suivi par Jean Grillet est en réalité celui par lequel circulaient sans doute depuis fort longtemps un courant d'échanges. Après s'être engagés dans la « rivière des Nouragues », qui est probablement l'actuelle crique Mazin (et non la crique Blanche, confusion avec la rivière Blanc, qui est affluent de la crique Mazin), ils rencontrent de forts reliefs : « le 8 février, ayant du pain et de la pâte d'ouïcou pour quatre jours, nous nous mîmes en route avec nos conducteurs, pour faire vingt-quatre lieues à travers une chaîne non interrompue de montagnes. Cet espace, les

Nouragues le parcourent quelquefois en un jour et demi ; mais ordinairement ils y emploient deux à trois jours, lorsqu'ils ont des femmes en leur compagnie. ». L'examen des cartes actuelles permettent de supposer qu'ils ont quitté la Comté peu après l'actuel Bélizon, qui fut une tête de pont importante à l'époque de l'or mais était sans doute autrefois occupé par des indiens, et remonté la crique Mazin jusqu'au dégrad Jalbot pour continuer à pied. C'est à partir de ce point qu'ils trouvent les reliefs des montagnes Balenfois, sans toutefois signaler l'inselberg, ce qui veut dire qu'ils sont passés en forêt par les bas-fonds, sans pouvoir apercevoir les roches. Cet itinéraire n'est pas improvisé, c'est celui qu'empruntent les indiens depuis des siècles, et qu'emprunteront les chercheurs d'or au temps de la compagnie de l'Approuague à partir de 1856. C'est par ce même chemin, à travers les montagnes Balenfois jusqu'à l'Arataye qu'il fut envisagé dès la fin du XVIIe siècle de tracer une voie de jonction entre Cayenne et le bassin de l'Amazone. Ensuite les pères sont confrontés aux rapides de l'Arataye, c'est-à-dire au saut Pararé, qu'ils traversent « dans un faible canot, et avec un grand danger de périr ». Les explorateurs jésuites n'auraient pu effectuer leur périple qui les conduisit jusqu'à Camopi, sans rencontrer des villages presque chaque jour. Cette relative densité de population ne peut qu'avoir laissé des traces dans le paysage. On devait les découvrir plus tard lorsqu'une station de recherches a été établie en 1985 au pied de l'inselberg. Quant aux distances qu'ils annoncent, on ignore la méthode de leur mesure, et elles paraissent exagérées si on prend comme base la lieue de Paris à cette époque (24 lieues seraient 93 kilomètres !) ; cela traduit directement la difficulté de parcourir de grandes distances dans la forêt de terre ferme, avec la succession incessante de montées et de descentes due au relief de collines en « demi-orange » et la fatigue qui tend à faire perdre le sentiment de la distance réelle. Par expérience je sais qu'il ne faut pas compter couvrir plus de 8 à 9 kilomètres dans une journée de 9 heures de marche avec une charge. En revanche, ce n'est pas le cas dans les forêts sur sol plan, et j'ai été surpris de parcourir une quarantaine de kilomètres en deux jours en Amazonie du nord-ouest.

L'examen des cartes récentes réduisent la traversée à pied des montagnes séparant la crique Mazin du saut Pararé à une distance de vingt-cinq kilomètres environ. La carte publiée en 1857, d'après celle de 1729 de d'Anville révèle des grosses erreurs en latitude comme en longitude, et bien évidemment les erreurs de dénomination et d'identification des cours d'eau. La carte d'un ingénieur hydrographe de la marine publiée dans l'atlas de l'abbé Raynal à Genève en 1780 est encore plus fantaisiste bien qu'elle indique la présence de villages indiens sur l'Approuague. En remontant l'Approuague, toujours aidés par les Nouragues, les jésuites atteignent un saut important, il s'agit probablement du saut Grand Canori dont le dénivelé est de 19 mètres, ce qui nécessite un transbordement et passage par voie de terre. « Quatre lieues plus loin » ils s'engagent dans un cours d'eau qu'ils appellent Tenaporibo où ils vont passer du territoire Nourague à celui des Acoquas (Akokouas). Cette rivière est sans doute ce qui a été nommé ensuite Sakopaye. Ils signalent la présence d'une grande roche plate avant le début de la marche. C'est probablement la Pierre Hoho sur la crique Sapokaye. Puis il semble qu'ils ont traversé le massif de Bakra et rejoint le bassin du Camopi, mais on ne comprend pas comment ils ont pu retrouver finalement l'Approuague qu'ils descendent jusqu'à l'embouchure et regagnent Cayenne par la rivière de Kaw et Mahuri. On voit donc l'étendue du territoire occupé à cette époque par la tribu des Nouragues. Quelques décennies plus tard, ces indiens avaient pratiquement disparu de même que toute trace du chemin sans doute séculaire qui permettait les échanges entre le littoral et le bassin de l'Amazone par le Parou.

La forêt au ras du sol

Sur les bords du saut Pararé, l'espace que nous avions balisé présentait une diversité de types de milieux où les chercheurs se sont rapidement octroyé un périmètre ou des trajets répondant à leurs objectifs scientifiques. Ici des couloirs favorables à la pose de filets japonais pour les ornithologues, là de grands arbres en fructification, je pense au magnifique monbin non loin du camp, permettant d'observer et comptabiliser les vertébrés frugivores de jour comme de nuit, mais aussi de déguster ses fruits. Personnellement, en dehors de mes flâneries et pauses d'observation à des points de passage d'animaux, vestige de mes habitudes de chasseur, je me suis vite concentré sur la faune vivant dans la litière répandue sur le sol forestier, cette couche où se déroule l'essentiel des phénomènes assurant le maintien de la forêt. Car nous l'avions compris dès nos premières missions et les échanges avec l'équipe des pédologues basée à Cayenne, cette grande forêt imposante et décrite souvent de manière hyperbolique, devait son existence à un équilibre entre une production intense de biomasse constituée par un très grand nombre d'espèces végétales et son recyclage incessant. Contrairement à l'image d'un édifice immémorial, d'un milieu ancestral insensible au temps, cette forêt repose sur une course impérieuse, sur le rythme d'un cycle dans lequel un compartiment peu visible est essentiel. Je veux parler du sol et sa couverture de feuilles qui tombent toute l'année des arbres. Dans les premiers centimètres du sol on trouve à la fois le résultat de la dégradation chimique des roches sous-jacentes et le produit de l'activité microbienne sur les restes végétaux. Certes, ce cycle avait été décrit sur les milieux européens dès les origines de l'agronomie, mais pourtant une différence fondamentale interdit toute extrapolation : ici il n'y a pas d'accumulation comme dans les forêts et les steppes tempérées, pas cette énorme épaisseur d'humus, pas de réserves. Tout le travail est en flux tendu, ce qui introduit un facteur de fragilité extrême, car l'interruption de la chaîne cause un arrêt mortel du système. De la forêt tropicale sud-américaine on a longtemps connu l'image mythique d'un surplus d'énergie, de records quantitatifs et de richesses en apparence inépuisables. La littérature s'est souvent associée à des affabulations et des descriptions de dangers imaginaires qui résultent de l'hypertrophie de mythes européens séculaires face à la forêt qu'on a toujours eu hâte d'abattre. Mais cet irrationnel qui a façonné nos paysages devient une source de catastrophes dans les conditions tropicales, surtout quand il est associé à la recherche de profit. À l'exception de ceux qui cherchent du muguet au Printemps et ceux qui cherchent des champignons en Automne, personne ne s'intéresse au sol forestier. Il est même ignoré tout comme le sol des cultures intensives qui a été réduit à l'état de support physique. La forêt n'est pas perçue dans sa réalité d'un ensemble de compartiments interdépendants qui s'échelonnent selon une amplitude d'échelle considérable, du micromètre au décamètre. En forêt tropicale, lorsqu'un arbre tombe naturellement, en entrainant nombre de ses voisins plus petits, on a la surprise de voir que le géant reposait sur une sorte de galette hérissée latéralement des prolongements racinaires, sans proportion avec les dimensions de l'arbre. Au-dessous de cette galette on trouve un trou rempli de gravier et dévoilant directement une arène résultant de l'altération des roches. L'ouverture créée dans la couverture réalisée par la canopée crée ce qui est nommé un chablis. Le fouillis des branches cassées et des troncs entremêlés couvre le sol et le protège du lessivage. Il permet la germination de graines dormantes, celles d'espèces qui vont profiter un temps de la pleine lumière et dessiner une végétation pionnière à croissance rapide où domine le « bois canon », Cecropia, dont les tiges creuses sont appréciées par des fourmis. En pleine forêt les feuilles tombent toute l'année, à des rythmes propres à chaque espèce. Elles s'accumulent au sol où elles sont colonisées par un filet de mycélium et des bactéries. Le résultat de leur dégradation passe dans le système racinaire. C'est tout un système qui fonctionne à ce niveau, car les bactéries sont elles-mêmes consommées par des organismes unicellulaires, et des pluricellulaires de petite taille, le tout chassé par des vers, des larves d'insectes, des collemboles et acariens. C'est aussi à ce niveau qu'interviennent des arthropodes prédateurs, scorpions, araignées, mille-pattes, leurs très vieux cousins, les péripates et de très petits vertébrés, grenouilles et crapauds ou amphibiens anoures, et les amphibiens sans pattes ou Gymnophiones, des lézards et de minuscules serpents-fil.

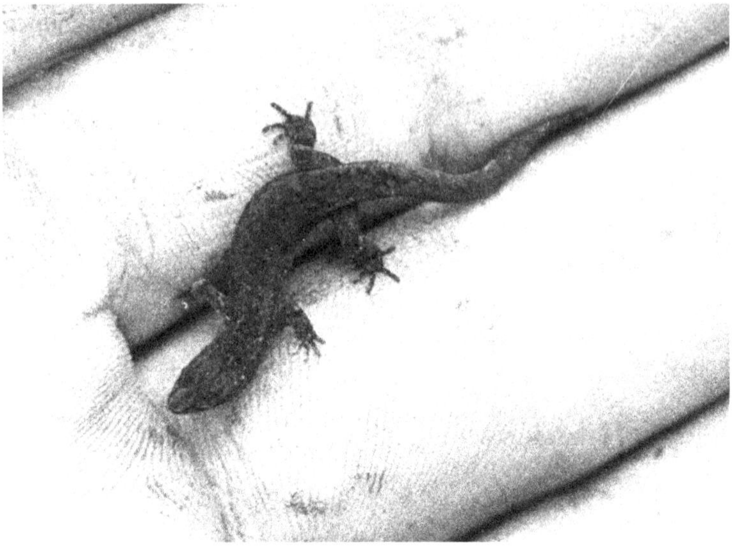

Coleodactylus amazonicus, un des plus petits vertébrés terrestres, dans la main de l'auteur.

Ce compartiment avait été peu étudié. Mais par où commencer ? Il me fallait trouver des sites représentatifs pour échantillonner ce compartiment. Mon choix s'est porté sur une des espèces de palmiers de sous-bois, le counana, *Astrocaryum paramaca*, qui attire l'attention par sa forme particulière d'immense entonnoir. En effet, à partir de la base ses palmes disposées en couronne élèvent leur courbe jusqu'à plus de quatre mètres. Garnies de longues épines sur la face inférieure du rachis qui s'écartent progressivement pour se diriger finalement vers le bas, les palmes accrochent les feuilles mortes dans leur chute. Les feuilles s'accumulent ainsi au fond de l'entonnoir. À la base, ces palmiers montrent un cône qui est le produit de la décomposition des feuilles captées. Il s'agit donc de fabricateurs d'humus. Or, l'humus est un produit rare en forêt tropicale contrairement aux sols des régions tempérées. Il est le plus souvent limité à quelques centimètres, sans accumulation en raison de l'intensité du recyclage. À titre d'hypothèse, on pouvait suggérer que cette accumulation localisée d'une richesse organique créait des sites riches en formes de vie. Mais explorer ces cônes à la base impliquait la destruction du végétal. C'est pourquoi j'ai mené cette étude sur la rive droite et en aval du saut Pararé, dans la zone que nous réservions à la chasse et à tout prélèvement. Il convenait en effet de ne pas compromettre l'intégrité du territoire d'une future réserve biologique. La méthode devait tenir compte de la forme particulière de ce palmier. Les Astrocaryum sont bien isolés dans le sous-bois, le plus souvent au fond d'une sorte de puits de lumière créé par une interruption de la canopée. Il faut nettoyer le sol tout autour pour créer une zone neutre où toute fuite d'un animal peut être tout de suite repérée. Chaque pied est identifié par les mesures de sa hauteur totale, la circonférence de sa base, la hauteur au-dessus du sol du cône d'accumulation. Ensuite, aidé par un de nos manœuvres, je « démontais » progressivement cet immense entonnoir, en fragmentant chacune des palmes épineuses jusqu'à leur base dans le cône d'humus. Je pratiquais alors une fouille délicate qui me rappelait mon passé de paléontologue. Il y a d'abord la couche de feuilles, puis le produit de leur décomposition. La base du cône est dégagée et la terre creusée peu à peu découvrant le rhizome, plus ou moins imposant selon l'âge du palmier, dont la forme en S couché évoque un saxophone. Au fur et à mesure que des animaux sont capturés, leur identité est notée sur un carnet, mais c'est au camp, le soir venu, que mensuration et numérotation des spécimens sont effectuées, et le plus souvent leur photographie. La plupart sont fixés pour mise en collection à Paris. Certains lézards ont été mis en observation dans une sorte de terrarium confectionné en contreplaqué, placé sous mon hamac. Ces animaux sont minuscules et parmi les plus petits vertébrés, en particulier ceux appartenant au sein de l'ensemble des Gekkotiens, à une famille dont l'activité est diurne. Les parois du terrarium recouvertes d'un film plastique leur interdisaient de grimper donc de s'enfuir, car contrairement à leurs cousins nocturnes, les gekkos, ils ne possèdent pas dans l'épiderme de leurs pattes les dispositifs sophistiqués permettant d'adhérer sur les surfaces lisses. En revanche, l'examen au microscope électronique à balayage de la surface palmaire du plus petit, *Coleodactylus amazonicus*, en comparaison avec la surface des feuilles mortes colonisée par un réseau de mycélium, devait me révéler que ce lézard, grâce à un tapis de micropoils crochus, utilise un système velcro pour surmonter les difficultés de circuler dans l'accumulation des feuilles qui sont gigantesques à son échelle. Malgré cette captivité, ils ne montraient aucune excitation et circulaient dans l'échantillon de litière que j'avais disposé au fond, où ils trouvaient leur nourriture. Avec des chutes de contreplaqué, j'avais construit une caisse allongée qualifiée de « saurodrome » pour y filmer la locomotion de ces minuscules lézards. Il y a dans la démarche du chercheur une part du goût des enfants pour le jeu. La conception d'un dispositif expérimental, qu'il soit simple comme mon saurodrome, ou complexe comme ceux que nous utilisions à Paris sur le plateau technique du laboratoire d'Anatomie comparée où nous filmons le mouvement des animaux aux rayons X, repose d'abord sur un bricolage mental. Au départ il y a des contraintes, dans ce cas, associer dans les données obtenues, à la fois le temps, fourni par la cadence de prise de vue, et l'espace mesuré sur le trajet, car les caractéristiques du déplacement reposent sur ces deux dimensions. La rigueur des résultats dépend donc de la conception du dispositif, qu'il soit simple ou techniquement sophistiqué.

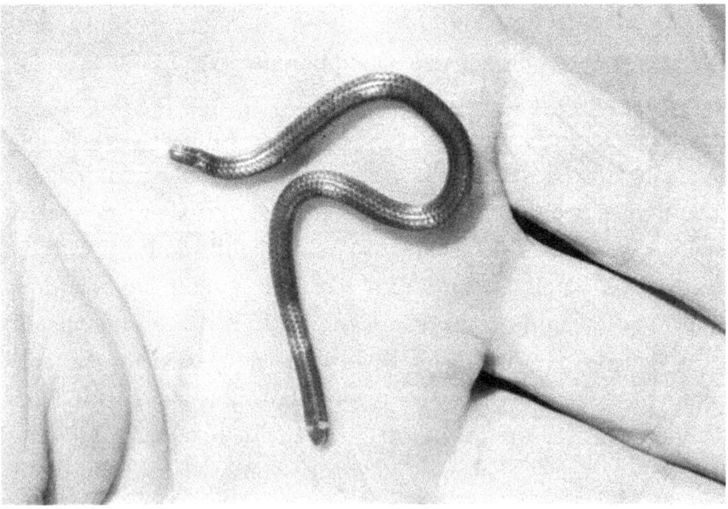

Leptotyphlops collaris, un serpent-fil nain la main de l'auteur.

Chaque chercheur passe ses soirées, à collecter, consigner, préparer les données correspondant à leur objet de recherche, et toutes les lampes à pétrole ou au gaz sont en action sur les plans de travail construits sommairement. Les botanistes reprennent les échantillons de la journée, les mettent en liasses serrées par des sangles, qui pour le séchage sont placées sur champ au sommet du four à pétrole dont il faut contrôler la bonne marche jusqu'au lendemain. À notre époque de frénésie, de course au sensationnel et au résultat immédiat, les données et spécimens engrangés pendant deux ou trois mois constituent la matière de plusieurs années de travail en laboratoire, auquel participe un grand nombre de personnes, étudiants, collaborateurs ou correspondants étrangers, parfois de disciplines très éloignées. Ainsi dans cette étude sur 109 pieds de palmiers épineux, prélevés sur 4 kilomètres de sentier, il y eu matière pour des spécialistes d'Onychophores, de Scorpions, de Collemboles, d'Amphibiens, en plus de Reptiles qui avaient été mon objectif initial. Car, outre l'inventaire des spécimens livrés à l'appréciation des systématiciens, l'examen du contenu de l'estomac des lézards pygmées vivant dans la litière a révélé aux spécialistes de Collemboles que ces arthropodes proches du microscopique constituaient la base de leur alimentation, alors qu'ils n'étaient pas présents majoritairement dans la faune du sol. Bien plus, parmi les Collemboles, nos petits lézards font une sélection, 70% de leurs proies sont constituées par 5 espèces seulement, dont certaines considérées comme rares. L'intérêt de cette méthode de prélèvement, en ciblant un microhabitat a aussi révélée l'importance relative d'espèces rares, voire même jusqu'alors inconnues. La très forte densité de cette espèce de palmiers, j'en ai compté 818 pieds sur 6 hectares, conjuguée au nombre de captures, permet une estimation de la densité des espèces les mieux représentées. L'hypothèse initiale d'une concentration de la microfaune dans ces palmiers en relation avec leur richesse organique paradoxale en forêt tropicale s'est ainsi trouvée vérifiée.

La simple observation est essentielle, et ce qui est aujourd'hui peu apprécié et considéré comme une perte de temps est en réalité à la base de toute recherche. En forêt tropicale, l'observation attentive demande à la fois de la patience et une résistance à l'endormissement dans la pénombre et la touffeur d'ambiance. C'est ce qui permet de pénétrer dans la vie des organismes et d'orienter les protocoles à mettre en place ultérieurement. L'espace tridimensionnel du sol est un univers que se partagent scolopendres, iules, péripates et scorpions, minuscules lézards et tout aussi petits serpents-fils. Ils y trouvent abri et nourriture dont seul un microscope nous révèle la diversité. Voici un couple de dendrobates, ces grenouilles qui sont à présent menacées par le trafic international. L'une est plus grosse avec des membres antérieurs d'un bleu vif, alors que ceux de l'autre sont noir et jaune. Elles disparaissent dans le cône basal d'un Astrocaryum. Puis réapparaissent, apparemment la grosse est le mâle, poussant la femelle, et elles suivent le dessous d'un tronc couché. Le mâle trépigne par moment, s'approche par l'arrière de sa compagne et lui donne des petits coups de main sur la cuisse. La lumière ne parvient au sol que sous la forme de taches et celles-ci se déplacent au fil de la journée, créant des trajets pour les êtres qui recherchent cette source de radiations, car il existe dans ce milieu sombre des amateurs de soleil qui ne sont pas capables de le rechercher dans les hauteurs de la canopée. On les retrouve dans les chablis, certains grimpent sur les troncs couchés et les plus petits se contentent de branches cassées. Ils sortent de leur abri à l'aube si le soleil est présent. Les géants du groupe sont les Ameiva qui creusent des terriers avec les puissantes griffes de leurs mains et qu'ils obturent pendant la nuit et les jours de pluie. Ces lézards héliophiles sont des opportunistes et profitent largement des ouvertures créées par l'homme. Ils présentent la particularité de changer d'habits quand ils deviennent adultes, en inversant la couleur entre avant et arrière du corps : Jusqu'à une longueur du museau à l'anus de 10 centimètres, les individus présentent une coloration verte en avant du corps, puis la couleur s'inverse et c'est l'arrière du corps qui devient vert. Le comportement vis à vis de la lumière peut se révéler différent entre des espèces proches. C'est le cas du genre Arthrosaura, un représentant du groupe des microtéidés. Une espèce, *Arthrosaura reticulata*, restent dans les zones sombres et humides, souvent cachées sous les feuilles mortes dont elle a la coloration, tandis que *Arthrosaura kocki*, dont la queue est rouge et les membres postérieurs proportionnellement plus longs, sort à découvert et se déplace de tache en tache, cherchant la lumière dans laquelle il s'immobilise un instant. Le plus surprenant est que chaque individu a son parcours et son horaire dicté par la course du soleil. Encore plus coloré, avec sa queue d'un bleu vif, Tretioscincus est un coureur infatigable, passant à l'intérieur de la litière en ondulant du corps, puis surgissant sur le tronc couché d'un chablis qu'il parcourt en courant à toute vitesse en utilisant ses pattes, s'immobilisant juste quelques secondes sous un faisceau de lumière.

Un spectacle permanent

Parfois les observations nécessitent la coopération de plusieurs personnes qui se mettent alors au service d'un collègue. C'est alors en principe l'occasion de découvrir des notions nouvelles par des échanges mutuels. Je dis en principe, car il faut reconnaître qu'on découvre deux catégories de chercheurs dans les équipes en mission. Il y a celui qui est entièrement absorbé par son propre sujet de recherche, pour qui toute la forêt se réduit à une espèce ou un ensemble taxinomique restreint, et le soir, s'enferme sous sa moustiquaire, et travaille sur son matériel à la lueur d'une lampe. Celui-là n'a pas beaucoup d'enthousiasme quand il s'agit de participer à une action collective. Il ne pose pas de questions aux autres sur leurs travaux et se laisse porter par l'organisation générale de la mission. Il présente assez généralement des tendances centrifuges. À toute occasion, il va prendre des initiatives en relation avec ses besoins sans en référer aux autres et sans en mesurer les conséquences sur le groupe. Performant dans sa spécialité, il tend à mépriser les autres en développant un sentiment de supériorité qui bien sûr crée des tensions. Sa participation aux missions est essentiellement motivée par une ambition personnelle. L'autre catégorie, fort heureusement dominante, comprend les esprits curieux de tout, les véritables naturalistes, qui cherchent à insérer leurs propres recherches dans un ensemble plus vaste, conscients de la complexité du système forestier. Ce sont les animateurs des discussions et des confrontations de résultats ou d'idées. Pour celui qui est conscient de l'interdépendance des éléments constitutifs de la forêt, interdépendance sur laquelle repose la permanence même de ce milieu si complexe, la participation à des opérations collectives est naturelle, car elles impliquent l'intervention de plusieurs spécialités. Le quadrillage du territoire, définissant des parcelles identifiées sur environ 6 hectares au Saut Pararé, ensuite autour du camp des Nouragues, a été le résultat de la collectivité, mais ce travail c'est révélé à l'usage d'une grande utilité pour chacun.

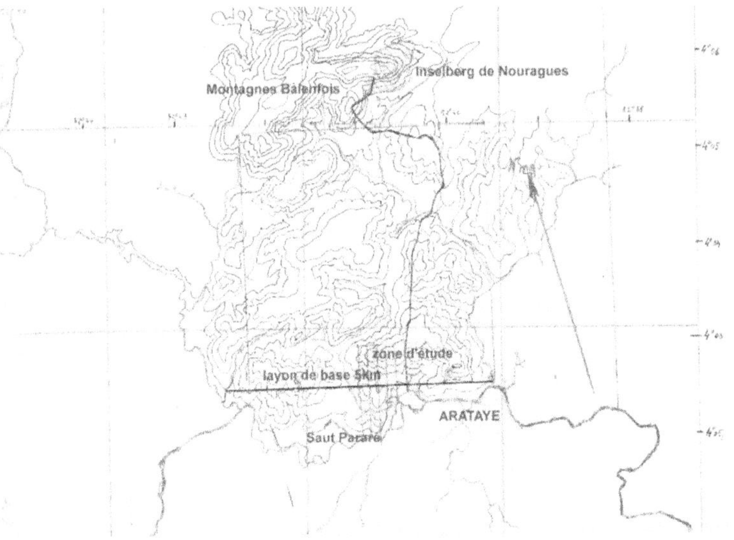

Cartographie de la réserve des Nouragues établie à partir des photographies aériennes et des données prises sur le terrain par les missions du Muséum.

L'emploi de talkie-walkie ajoute la capacité de s'échanger des informations, par exemple la présence d'une famille de singes hurleurs en un point précis à telle heure, ou le passage d'un tapir femelle accompagnée de son petit. Un grand arbre en pleine production de fruits représente un pôle temporaire d'attraction. C'est pourquoi, au saut Pararé, il a été décidé de situer une cache près d'un grand arbre en pleine production de fruits pour identifier qualitativement et quantitativement les consommateurs. Un abri perché a été construit, à proximité avec un accès opposé à l'arbre afin de pouvoir y accéder sans être vu par les visiteurs au sol comme dans la frondaison. Dans cette cache on se relaye pour des observations continues sur 24 heures. Au souvenir de ces heures de veille, on se rend compte combien l'activité de recherche échappe aux critères de la plupart des activités dans nos sociétés, et se rapproche des activités créatrices dans les domaines artistiques. En effet, que d'énergie pour des résultats peu valorisants dans l'immédiat ! Nous en tirâmes essentiellement des preuves sur les relations entre certaines espèces de mammifères et la dispersion de certaines espèces végétales. Ces relations sont de type mutuel dans le sens où seuls des animaux peuvent assurer la dispersion des graines volumineuses et ainsi maintenir la forêt en état, dans toute sa diversité. Une surprise toutefois. Les singes araignées, les atèles, ces acrobates réputés diurnes, n'hésitent pas à se risquer en pleine nuit pour profiter des fruits d'un grand arbre.

À côté des travaux répétitifs permettant d'obtenir une quantification de certains phénomènes. C'est la capture temporaire d'oiseaux pour les identifier, les mesurer, les peser, ou bien le prélèvement d'échantillons de sol à plusieurs profondeurs et mis à décanter sous la chaleur d'une bâche plastique pour recueillir dans un flacon les tout petits organismes qui y vivent. On peut aussi circuler lentement, des journées entières le long des layons. Des pauses sont effectuées en des lieux particuliers, lisière, rupture de pente, petite falaise, chablis crée par la chute d'arbres. Ce travail d'observation, un aspect qualitatif souvent négligé, permet des recoupements et ouvre la réflexion pour de futures expérimentations. L'observation mobilise tous les sens. Dans les années 70 nous disposions peu d'assistance technique. Il nous était possible bien sûr d'enregistrer les paramètres physiques de base, température, degré d'humidité, luminosité, acidité du sol par exemple. Pour l'image, les émulsions argentiques offraient d'assez bonne qualité en couleurs comme en noir et blanc, seule la faiblesse de la luminosité obligeait souvent à employer des artifices au traitement de la pellicule en laboratoire. L'utilisation d'un appareil motorisé me permettait des rafales d'instantanés pour l'analyse de mouvement, selon le procédé de la chronophotographie qui conduisit Jules-Etienne Marey sur le chemin du cinéma. En l'absence d'éclairage artificiel, il était impossible d'employer la prise de vue par une caméra avec une émulsion argentique. La rafale d'instantanés a été utile pour effectuer une première analyse de la locomotion des très petits lézards de litière qui sont parmi les plus petits vertébrés. Ils étaient placés dans le « saurodrome» dont j'ai parlé plus haut. Dans le monde des sons, on ne peut oublier le chant quasi constant et ubiquiste du « paypayo », un oiseau inséparable de la forêt au nom d'espèce significatif de « vociferans ». À l'aide d'un petit magnétophone équipé d'un micro « cravatte » performant j'enregistre les ambiances aux différentes heures de la journée. Ainsi, vers 6 heures du matin, peu avant le lever du jour, on peut saisir la mélodie triste de l'ibijau, encore appelé potoo (*Nyctibius*), cet insolite oiseau nocturne qui disparaît à l'œil quand il se plaque sur un tronc. Le miaulement du coq de roche est resté une énigme jusqu'à ce que je rencontre une « arène » où les mâles concourent pour séduire une assistance de femelles. Certains chants, comme celui de l'ibijau qui annonce l'aube, ne s'entendant qu'à des périodes précises de la journée et dans des sites particuliers. C'est le cas du concert bruyant des Ortalis, lorsqu'on se trouve à l'aube au voisinage d'une lisière de la forêt, en bordure de l'affleurement rocheux d'un inselberg. Cette espèce de faisan se réveille en fanfare dans les buissons qu'il fréquente. Et ce bruit de tronçonneuse ! quelle surprise quand vous savez qu'il est impossible qu'un bucheron fantôme se trouve à proximité. Il s'agit du « zoizo monpère », un oiseau gris dont la calvitie évoque la tonsure des moines (*Perissocephalus bicolor*). La nuit, dès que les premières pluies surviennent vers le mois de décembre, ce sont les amphibiens qui occupent les fréquences audibles. Au voisinage des mares constituant des lieux de reproduction, le niveau sonore est tel qu'il crée une véritable douleur pour l'observateur. Plusieurs espèces s'y rencontrent, certaines descendues spécialement de la canopée pour ce concert. Il y en a de toutes les tailles, mais ce ne sont pas les plus grands qui sont nécessairement les plus bruyants. La rainette géante, *Phyllomedusa bicolor*, qui atteint 13 centimètres, reste accrochée sur une branche au-dessus de l'eau et le mâle pousse à intervalles un unique cri fort et grave afin d'attirer une femelle. Durant toute la saison des pluies, on rencontre des amphibiens sur le sol de la forêt, parfois minuscules et cachés sous les feuilles, ou bien on les entend depuis leur gîte dans la canopée. À ce niveau, dans ce milieu incroyablement complexe, certaines espèces logent dans le réservoir d'eau constitué par la base des Broméliacées épiphytes. Parfois, les chants sont particulièrement harmonieux et peuvent passer pour des chants d'oiseau. Pour identifier certains, Philippe Gaucher a du grimper dans les arbres jusqu'à la source du son, et trouver une minuscule rainette au fond du pavillon de feuilles ou dans le trou d'une branche. D'autres chants sont de basse fréquence, comme le « toc-toc » de la rainette marteau (*Trachycephalus hadroceps*) qui ne descend presque jamais des arbres et vit dans un trou. Au sol, la grande Leptodactyle, qui ressemble à une grenouille rousse géante, lance périodiquement une sorte d'aboiement depuis le fond de son terrier. De jour comme de nuit, l'espace sonore est largement occupé par les amphibiens dont les chants viennent se superposer à l'arrière-plan sonore continu créé par les insectes. Fréquences et rythmes sont donc nécessairement partagés, ce qui permet d'utiliser les chants dans la reconnaissance des espèces. L'enregistrement des sons et leur analyse spectrale constituent, comme pour les insectes, un outil précieux pour les chercheurs. Avant la mise au point de micros directionnels performants, les chasseurs de sons se promenaient en forêt avec d'encombrantes paraboles qui focalisaient la source à enregistrer, semblables à d'étranges chevaliers se protégeant derrière des rondaches.

La récompense de tant d'efforts venait du plaisir de découvrir une plante rare ou de tomber sur des scènes comportementales pouvant être documentées. Nous voici face à l'ouverture d'un terrier d'Ameiva, ce lézard pouvant atteindre 40 centimètres de longueur dont on a parlé plus haut. Paradoxe de la forêt, cet animal n'est actif que dans les zones ensoleillées. Il se disperse en allant de tache en tache quand le soleil est présent au-dessus de la canopée. Sinon, c'est un habitant des chablis récents, des berges dégagées, et bien sûr des villages. Un mâle se présente et frotte sa région cloacale et les cuisses autour du terrier. Il y dépose ainsi la marque odorante de glandes épidermiques. La tête d'une femelle ne tarde pas à sortir de l'orifice. Il est relativement tard, plus de 17 heures, fin d'une journée ensoleillée. Le couple rentre dans le terrier avant la chute de la température et obture derrière lui l'entrée avec un bouchon de terre. Le lendemain matin, ils ne sortiront de leur abri que si les rayons du soleil frappent l'orifice du terrier.

En mars 1986, six chercheurs et deux de nos auxiliaires habituels ont gagné l'inselberg visité en 1977, vivant pendant une semaine de vivres de survie lyophilisées, afin d'éviter tout prélèvement dans le milieu. Nous avons choisi un petit plateau au pied de la montagne pour y établir un camp définitif avec l'objectif d'y développer des recherches pluridisciplinaires dans un site présentant un minimum d'influence humaine. Cette nouvelle aventure est fort bien racontée par Pierre Charles-Dominique qui en fut le développeur avec le soutien du CNRS[2]. En effet, le Muséum n'avait pas souhaité s'investir dans une station permanente tandis que le CNRS réduisait ses activités en Afrique tropicale et les transférait en Guyane. Dès lors les conditions générales du travail en Guyane se sont radicalement modifiées. Le camp des Nouragues est devenu un laboratoire de terrain offrant un confort reposant sur la capture d'eau descendant de l'inselberg, l'énergie électrique fournie par des panneaux photovoltaïques et des habitations isolées du sol. Les chercheurs, dont beaucoup d'étudiants, peuvent se succéder à un rythme soutenu et régulier, à partir de Cayenne accessibles en quelques minutes de vol d'hélicoptère. Mais, c'est aussi le temps où les contraintes administratives se sont imposées. Finie la liberté de gestion permettant l'initiative et la réponse immédiat à des besoins. Le chef de mission n'était plus ce quasi-chef d'entreprise, mais l'exécutant d'un budget prédéfini.

---

[2] Pierre Charles-Dominique, 2015. La station des Nouragues, in : Nature guyanaise, 50 ans de progrès et de souvenirs, Léon Sanite, coordinateur. P.37-45, Orphie, Cayenne.

Disparu ce statut indépendant qui nous faisait souvent assimiler par les habitants aux aventuriers traditionnels de ces régions. J'avais connu cette situation lors de mes missions en Amazonie, dont voici quelques épisodes.

EN AMAZONIE COLOMBIENNE (1974)

Mon premier voyage en Amazonie date d'une époque où l'ordre de mission portait une date de départ et une durée, sans que l'on soit assuré qu'on revienne à la date prévue. Nous n'étions pas bien sûr dans la perspective que connurent les grands voyageurs naturalistes d'autrefois qui partaient sans penser au retour à une date précise et s'accommodaient d'une très longue absence, loin de leur pays et de leurs proches. Pensons à ces académiciens du XVIIIe siècle partis en Amérique du sud mesurer un méridien terrestre sous l'équateur. Les survivants rentrèrent en ordre dispersé plusieurs années plus tard. Joseph de Jussieu, le botaniste et médecin de cette expédition, ne rentra en France que 36 ans après son départ ! À partir de 1880 environ, les voyageurs aisés, les premiers « touristes » européens, avaient un « Baedeker » en poche qui leur assurait, avec une grande probabilité de réussite, la visite de Constantinople à la date prévue après avoir traversé l'Europe en chemin de fer. En revanche, dans le dernier quart du XXe siècle, gagner un point précis de l'immense bassin amazonien devait se révéler une véritable épreuve nécessitant une combinaison de patience, d'acharnement et de ruse. C'est ainsi qu'en 1974 je quittai l'Europe à bord d'un avion d'une compagnie islandaise pratiquant déjà un régime « low cost », pour gagner Bogotá, capitale de la Colombie. Cependant l'agenda fut perturbé dès le début. En effet dépourvu d'un visa pour les Etats-Unis dont la nécessité même pour une simple escale à Miami ne m'avait pas été signalée, je fus détourné par Kingston (Bahamas), puis Panama où je dus passer la nuit. Un coup de fil à un collègue colombien m'assura que je serai reçu à l'aéroport El Dorado de Bogotá malgré 24 heures de retard.

L'objectif était de rejoindre une équipe pluridisciplinaire dans le cadre d'un programme d'écologie humaine opérant en milieu indien. Ce programme franco-suisse mobilisait aussi des chercheurs colombiens et recevait le soutien d'une agence colombienne de protection du « milieu ambiant », ce qu'on appelle aujourd'hui « environnement ». La coordination générale était sous la responsabilité de l'initiateur du programme (une RCP du CNRS), un ethnologue et linguiste helvétique, Jürg Gasché. Des travaux ethnologiques préalables avaient permis de localiser les sites et d'obtenir l'accord des communautés qui devaient accueillir les intervenants qui se succédaient, les uns venant de Bogotá, les autres d'Europe. Chacun devait trouver individuellement les moyens de gagner les sites amazoniens, bénéficiant seulement de conseils et de relais de connaissances. C'est ainsi que les colombiens préférèrent une voie à partir de l'amont, utilisant le réseau routier, puis la descente des cours d'eau, ce qui permettait de prolonger au maximum un mode de vie « civilisé » avant de plonger dans la forêt qui leur était totalement inconnue. Une autre voie consistait à partir de l'aval, c'est-à-dire de l'Amazone, et de remonter les cours d'eau. Ce fut notre choix et il nécessita de traverser plusieurs couches de difficultés qui m'apprirent plus sur La Colombie que la plupart des livres. Cette expérience montre aussi à quel point le chercheur métropolitain français de base était peu préparé à travailler à l'étranger, entrainé qu'il était à des conditions de protection et de régularité propre à la France des années 1970.

Comment sortir de Bogotá

Notre choix impliquait de mettre sur pied un trajet assez compliqué à partir de la capitale, Bogotá. À notre arrivée à l'aéroport international El Dorado, un collègue de l'Instituto de Ciencias naturales nous attendait avec une voiture pour nous et nos bagages. Il s'agissait d'une « Gaz », un véhicule soviétique dont j'avais rencontré le modèle au cours de missions en Europe orientale. Il nous conduisit de suite à notre logis sécurisé, une résidence tenue par deux dames allemandes aux habits stricts et sévères, cheveux retenus par un chignon. La pension était entourée d'un haut mur derrière lequel patrouillait un gros chien. Dès qu'on pénétrait dans cette résidence, on se sentait transporté dans une contrée d'Europe centrale. Ambiance où les bruits sont étouffés par les tapis et les étoffes, meubles massifs en bois sombre, propreté que l'on perçoit méticuleuse. On ressentait certes un sentiment de sécurité totale, mais on avait du mal à se savoir au cœur d'une ancienne colonie espagnole. En revanche, dès que nous sommes sortis, nous avons été plongés dans le tourbillon de la capitale d'un pays qui connaissait une guerre civile depuis cette période appelée « Violencia », débutée en 1948 après l'assassinat du leader libéral Jorge Elibar Gaitàn, au cours de la constitution de l'organisation des Etats américains (OEA). Je n'avais jamais appris l'espagnol et ne pouvait compter sur le collègue qui m'accompagnait, car il avait perdu une partie de son acuité auditive pendant la guerre d'Algérie qu'il avait passée dans l'artillerie. Je dus immédiatement me plonger dans cette langue latine en m'aidant de ma connaissance de l'italien et des réminiscences du provençal entendu dans mon enfance. J'avais en effet besoin de pouvoir m'exprimer dans les démarches indispensables à la réussite de notre projet. Une liste de contacts m'avait été communiquée par le coordinateur du programme, qui était isolé sur le « terrain » depuis plusieurs mois. Mais avant toute démarche, il convenait d'aller à l'ambassade de France où m'attendait les subsides alloués pour la mission. Il fallut se familiariser avec la topographie de cette ville immense. Son plan de type romain, quadrangulaire divisé en Carreras et Calle, comme New York en Avenues et Streets, comprend aussi l'ajout de transversales et diagonales ce qui n'arrange pas la compréhension de l'ensemble. Le tout s'étend sur des kilomètres dans une savane perchée à plus de deux mille quatre cents mètres d'altitude, encadrée et dominée, à l'est et à l'ouest, par deux cordillères. La Carrera 7, oblique, paraissait dominer par sa longueur. Les braves dames allemandes qui tenaient la pension nous prodiguèrent des conseils sur les précautions à prendre quand on circule en ville. On tue pour cent pesos dirent-elles. Les automobilistes sont obligés de verrouiller leurs vitres quand ils sont arrêtés aux feux de signalisation pour éviter de se voir arracher leur montre bracelet. Elles nous dirent d'éviter la police, car certains policiers sont en réalité des malfaiteurs déguisés, etc. Cependant, la réalité immédiate était que nous tombions en pleine période électorale. Il s'agissait de changer le président de la république. Or, c'était à l'occasion d'une élection de ce type que débuta la guerre civile il y avait 25 ans, avec l'insurrection populaire appelée « Bogotazo » au cours de laquelle le centre de la ville avait été saccagé. Ayant localisé l'Ambassade de France sur la carte, simple piéton dans la foule, habillé légèrement, car il faisait doux, je pris contact avec la ville lumineuse et grouillante d'activité. La présence militaire était évidente, de même que les banderoles de propagande électorale. Mon fidèle couteau en poche, je suivis la carrera 7 jusqu'à la calle 39 où se situait l'Ambassade à cette époque. Là, je me chargeai de plusieurs milliers de pesos et pris le chemin de retour jusqu'à la Banque franco-colombienne. J'avais eu connaissance de cette filiale de la BNP par une amie de ma mère dont la fille travaillait là. En ouvrant un compte, je transformai mon dangereux magot en carnet de chèques, ne conservant que peu de liquidités et une réserve de dollars dans ma ceinture. Les fameux billets verts ont en effet l'avantage d'un format réduit et identique pour toutes les valeurs. Pliés dans le sens de la longueur, ils peuvent aisément se loger à l'intérieur d'une ceinture. Cette visite dans un établissement bancaire fut aussi l'occasion de recueillir les impressions d'une française résidant à Bogotá et en retour de lui expliquer ce que nous venions chercher en Amazonie colombienne. En réalité sa vie était quasiment celle de la majorité des habitants aisés de la capitale : une vie recluse dans des quartiers sécurisés avec de rares excursions touristiques dans les environs. Son mariage avec un colombien lui avait ouvert les yeux sur la mentalité rétrograde, foncièrement patriarcale et machiste de la bourgeoisie de ce pays. En revanche, notre activité déclencha son enthousiasme et une certaine envie. Cependant, il fallait à présent entreprendre les démarches nécessaires pour notre voyage jusqu'au lieu de travail. Très vite on se rendit compte qu'on ne pouvait pas compter sur les citadins, quelle que soit leur position. Ils ne feraient aucun effort pour nous aider, pour deux raisons principales. La première était qu'ils ne connaissaient rien de leur pays en dehors de la plaine de Bogotá et sans doute des stations balnéaires de la côte caraïbe. En tout cas les territoires amazoniens étaient ignorés et personne ne songeait s'y rendre. Les universitaires que nous avons rencontrés ne parlaient pour la plupart que de leur « finca », propriétés agricoles dans les basses terres ou dans la cordillère. Je compris aussi que certains des participants à notre programme étaient partis surtout dans l'espoir de tirer bénéfice de trafics et qu'il n'en sortirait aucun résultat scientifique. Il y avait heureusement des exceptions. Il s'agissait de collègues qui avaient fait l'effort de sortir de leur pays et de venir à Paris ou Moscou pour poursuivre leur formation. Botaniste, pédologue et écologue, ils furent trois ou quatre à nous apporter leurs connaissances. Mais, à l'écart des positions de pouvoir, ils ne pouvaient pas intervenir pour faciliter notre accès à notre site de mission. La deuxième raison à cette résistance que nous rencontrions à la poursuite de notre mission nous a été clairement exposée par un responsable de l'Instituto de Desarollo de les Recursos Naturales renovables (INDERENA), Institut de conservation du milieu ambiant, qui, après avoir fermé la porte de son bureau, nous déclara : « Il faut que vous sachiez que votre programme ne convient pas à l'axe Washington-Bogotá ». Ce responsable, spécialiste de l'étude des sols en relation avec les activités agricoles, à la tête d'un institut dont on mesure aujourd'hui le caractère pionner, avait réalisé une étude sur la dégradation des sols aux Etats-Unis due à l'agriculture industrielle. Il était manifestement inquiet pour sa sécurité. Nous ne comprîmes pas dans l'immédiat le message qui nous était ainsi délivré. Comme il n'était pas question de baisser les bras, nous avons décidé de nous concentrer sur les moyens de gagner la ville de Léticia, seule localité de Colombie située sur l'Amazone, au bout de ce qui est appelé le « trapèze amazonien », enclavé dans le Brésil et le Pérou voisins. En effet, notre but était un village situé en territoire des indiens Witotos, sur une rivière, le Rio Igara Paraná, lui-même affluent de l'imposant Rio Putumayo. Ce fleuve est un des principaux contributeurs de l'Amazone et définit la frontière entre Equateur, Brésil et Colombie. Après avoir fait les démarches administratives nécessaires pour avoir l'autorisation de circuler dans le département Amazonas, et obtenir auprès de l'attaché culturel de notre ambassade les attestations prouvant le caractère scientifique de nos activités, j'obtins une liaison radio avec le coordinateur J.G., depuis le poste de La Chorrera, pour l'informer du chemin que nous avions décidé de prendre. Ces quelques jours furent aussi l'occasion de visiter des collections zoologiques, dont la plus importantes alors était sous le contrôle de l'institution religieux de La Salle. C'était en Colombie le seul équivalent à cette époque d'un Musée d'histoire naturelle avec des collections bien gérées et inventoriées, connues mondialement. Ceci était un effet d'une situation particulière de la Colombie qui était depuis le début du XXe siècle sous le régime d'un concordat assurant à l'église catholique un quasi-partage du pouvoir au niveau national par l'intermédiaire d'ordres missionnaires dépendant directement de leurs sièges en Espagne. L'examen de ces collections parfois anciennes fut donc une occasion de se familiariser avec la faune que nous devions rencontrer. Nous avons pu aussi rendre visite à un célèbre spécialiste de crocodiles, Federico Medem, un comte lituanien réfugié à Villavicencio. Ce personnage haut en couleurs, au physique imposant, époux d'un resplendissante présentatrice de télévision, régnait sur l'Instituto Roberto Franco, à la marge du grand ensemble géographique des Llanos, basses terres s'étendant jusqu'au Venezuela. Dans son bureau figurait au mur un diplôme en écriture gothique au nom de « Graf von Medem ». Il nous fut en tout cas bien agréable de croiser un véritable naturaliste de terrain. Aller à Villavicencio, nommé communément « Villavio », c'est descendre de la cordillère dans un de ces bus fous qui font la course dans les lacets, une expérience tenant de la roulette russe et de certains manèges de foire. Parmi mes tâches, il me reste encore de m'assurer de la location d'un avion pour le retour général des missions des européens et des collections depuis l'Amazonie jusqu'à Bogotá. À partir du haut Caqueta, à Puerto Asis, le vol devait comprendre une escale sur le plateau gréseux d'Araracuara pour nous prendre en route en pleine forêt. Cette location s'effectuait auprès d'une organisation évangéliste nord-américaine, ILV (Instituto Linguistico de Verano) ou Summer linguistic Institute, dont l'objectif déclaré est de traduire la Bible dans les langues des ethnies amérindiennes et de distribuer des cassettes de propagande religieuse avec lecteurs et piles. Cette organisation disposait de ressources importantes qui lui permettaient d'entretenir une flotte d'appareils capables de sillonner le bassin amazonien et de se poser sur des pistes improvisées. Lorsque, plus tard, j'eus l'occasion de prendre un de ces avions, je découvris des pilotes qui avaient l'air d'être d'anciens militaires. Ils ne s'écartaient pas de leurs appareils et en tout cas ne présentaient guère le profil de missionnaires du Christ. On les imaginait plutôt sortis d'un film d'action du style hollywoodien. J'eus la surprise de trouver les bureaux de cet Institut dans les bâtiments du gouvernement colombien. Comme cela avait été souvent dénoncé, l'entreprise entreprenait, sous couvert d'évangélisation, de casser les conceptions sociales des communautés indiennes, facilement perméables aux idées socialistes, et d'introduire dans leurs pratiques les notions de commerce et de compétition entre individus. J'eus l'occasion de constater plus tard que cet empoisonnement mental a eu des effets dévastateurs sur les communautés mais pas du tout conforme à ce qu'en espéraient dans leur bêtise les promoteurs de ces actions. Par ailleurs, il était clair que les moyens considérables de communication à la disposition de l'Institut pouvaient être employés par les services secrets nord-américains. En 1974, il fallait se rendre à l'évidence que le pouvoir colombien avait littéralement confié la gérance du pays aux Etats-Unis. Ainsi, les spécialistes de l'Inderena nous avaient expliqué que les terres de Colombie étaient utilisées pour produire des légumes au bénéfice des Etats-Unis qui ne pouvaient plus les obtenir en raison de la stérilisation de leurs sols par l'agriculture industrielle pratiquée depuis le début du siècle. Le pays n'avait rien de commun avec le Chili qui venait de subir le coup d'état de Pinochet et la chute de Salvator Allende. Bien au contraire il paraissait tout à fait « domestiqué » et soumis aux intérêts des Etats-Unis, en conformité avec la doctrine de James Monroe dont le prétexte était en son temps de soustraire l'Amérique latine aux colonisateurs européens. Voilà ce qu'on rencontrait, nous, naïfs chercheurs venus d'Europe.

Cependant, à Bogotá les préparatifs des élections se traduisaient par des défilés et quelques affrontements. Deux étudiants avaient été tués à l'Université lors de l'intervention des forces de police ce qui suscita de grands défilés protestataires. Par cette élection s'affrontaient une fois de plus les deux grands partis, Libéraux et Conservateurs. En fait, ils se partageaient le pouvoir depuis des années par une pseudo alternance derrière laquelle régnait l'oligarchie des possédants vivant de rentes. Mais cette fois, de façon surprenante, le parti communiste avait été autorisé et se manifestait ouvertement. La fin officielle de cette horrible « Violencia » pendant laquelle plus de deux cent mille colombiens avaient été sauvagement massacrés, n'avait pas effacé un profond clivage au sein de la population et les groupes d'autodéfense qui s'étaient constitués dans les campagnes contre les massacreurs qui avaient été au départ commandités par les conservateurs avaient dérivés soit vers le banditisme, soit vers une guérilla d'extrême gauche. À la vue de ces groupes portant des banderoles, mêlés à l'intense circulation dans les grandes artères de la ville, on pouvait espérer à cette date qu'une page serait tournée et que la vie politique serait mieux tempérée par une meilleure représentation de la société. Face aux deux partis traditionnels, un parti de gauche unie, l'alliance nationale populaire, animée par une femme au nom prédestiné de Rojas, faisait une bruyante campagne, vingt-cinq ans après le « Bogotazo ».

Tout cela était bien éloigné des motifs de notre présence dans cette ville. Chercheurs venus pour mieux connaître la faune et la flore de ce pays et apprendre jusqu'à quel point les populations amérindiennes vivaient en équilibre avec leur milieu naturel, selon les recommandations du programme « Man and the Biosphere » de l'UNESCO, nous étions confrontés à une situation imprévue et totalement étrangère à nos préoccupations. Certes notre situation n'avait aucun caractère dramatique, cependant, c'était bien transposée dans les conditions du XXe siècle, la même ambiance coloniale qu'avaient connues au XVIIIe siècle les fameux académiciens, le même esprit de rentes, sans intérêt pour la science, soutenu par une suffisance qui tournait au ridicule. Heureusement, nous avons pu visiter des collections zoologiques, des bibliothèques et bien sûr la ville coloniale ainsi que la colline de Monserrat où se trouve une basilique qui peut être atteinte par un téléphérique, but de pèlerinages autant que d'excursions familiales. En effet, on découvre depuis ce contrefort de la cordillère un beau panorama sur toute la savane de Bogotá. Enfin, le collègue botaniste de l'Institut des sciences naturelles qui nous avait accueilli, familier de l'herbier national de Paris, avait arrangé notre participation à une excursion d'étudiants dans le Paramo de Sumapaz, situé dans la cordillère orientale. Fantastique découverte, dans la brume, de ces milieux exceptionnels qui s'étendent au-dessus de 3000 mètres entre la forêt et les neiges permanentes.

Excursion dans la brume des paramos au-dessus de Bogotà.

On y rencontre une végétation arbustive recouverte de mousses et de lichens dans une lande herbacée. Cette excursion m'est apparue comme un salutaire bol d'air, au propre comme au figuré, car, malgré ou à cause de l'altitude, Bogotá était dès cette époque largement polluée par une intense circulation de véhicules dont la carburation n'était pas en accord avec la faible quantité d'oxygène. Dans le Paramo, à près de 4000 mètres, il n'était bien sûr pas question de courir un cent mètre, mais le calme et la beauté de cette étrange ambiance et surtout le contact, enfin, avec une nature peu modifiée, loin des tracas des jours précédents, avait un effet réconfortant. Le souvenir de la visite de cette lande d'où émergeaient des arbres rabougris mais aussi les grandes silhouettes des fraijelones, ces Astéracées géantes dont les rosettes sont perchées à plus de deux mètres, est restée inoubliée. Ces milieux très humides et froids constituent la réserve principale en eau pour les villes andines, et à ce titre doivent être protégés. On comprend facilement, alors qu'on est plongé dans un aérosol, cette fonction de véritable éponge, captant l'eau atmosphérique qui se condense et ruisselle tout au long des pentes de la cordillère. Notre plaisir a été partagé avec les étudiants qui découvraient le Paramo. Ces milieux sont pourtant situés à faible distance de la capitale. Nous les avions gagnés à bord du bus de l'université nationale, un de ces véhicules orange dont le modèle était celui utilisé aux Etats-Unis pour les transports scolaires. Très répandus, ces bus à museau de chien étaient bien adaptés aux routes andines, étroites et serpentines. De cette excursion j'ai rapporté une scolopendre prise sous une pierre au bord d'un ruisseau. Finalement nous n'avions pas totalement perdu du temps en tentant d'échapper aux filets de cette ville. Mais ce n'était pas fini. Comment notre présence à la pension allemande a-t-elle été connue ? En tout cas nous avons été contactés au téléphone par une jeune femme qui se présenta comme la sœur d'un des participants colombiens à notre programme. Il s'agissait justement d'un de ceux dont le comportement suspect nous avait été signalé. Sans raison pour refuser, nous avons accepté son invitation. Elle se présente donc à l'heure convenue au seuil de notre forteresse, accompagnée par une autre jeune femme, elle aussi sœur d'un de ces chercheurs colombiens. Toutes deux vêtues avec élégance, tailleur strict et sac de qualité, appartenant manifestement à la grande bourgeoisie, elles déclaraient exercer le métier d'avocate. Nous voici entrainés par nos gentilles accompagnatrices à bord de leur véhicule dans la visite de la ville historique, et je réponds à leur curiosité sur les conditions de vie en forêt auxquelles étaient supposés soumis leurs frères. Heureusement, le castillan parlé par les colombiens est très accessible, dépourvu de la rugosité présente souvent dans le parler des espagnols. Les colombiens se vantent d'ailleurs de la qualité de leur castillan. Puis elles nous proposent une visite de la périphérie, zone résidentielle, et elles s'arrêtent devant une grande villa où elles nous invitent à prendre une collation. Cette demeure paraissait habitée, mais par aucune d'elles. Elle était meublée dans un style standard, tout à fait neutre, c'est à dire sans caractère personnel. Intrigué par la démarche de ces jeunes membres de la classe aisée, je commence à douter de la sincérité de leur intérêt pour le sort de leurs frères. D'allusion en allusion et d'accompagnement musical, il devient vite évident qu'elles recherchaient une aventure soigneusement préparée. Toutefois, mon compagnon n'était pas du tout du genre libertin et moi-même je n'appréciais pas ce genre de mise « au pied du mur » ; en cette matière, je préférais choisir par moi-même. On en resta là, prétextant notre horreur de la danse et un rendez-vous avec un compatriote, ethnologue vivant à Bogotá. Elles nous déposèrent à proximité de l'adresse de ce garçon et nous n'entendîmes plus jamais parler d'elles. J'eus alors la conviction que toute cette démarche faisait partie d'une tentative pour nous compromettre, nous corrompre, dans le cas où les agissements des « frères » auraient été dénoncés comme contraire à la convention signée entre Colombie, France et Suisse. Cette convention précisait la répartition entre les institutions nationales de chacun des pays et excluait évidemment toute acquisition privée et commerce. L'avenir confirmera cette hypothèse dont les effets se prolongèrent jusqu'à Paris deux ans plus tard comme on le verra plus loin.

À partir de ce jour j'entrai en rage, car le temps passait, l'argent était inutilement dépensé et on ne voyait pas d'issue. Une liaison radio de cinq minutes avec La Chorrera me fut accordée ce qui me permit d'informer Jürg Gasché de la situation et de prendre connaissance des besoins de l'équipe de terrain, je me souviens du besoin de six bougies pour le moteur Evinrude 40cv. La décision fut prise de gagner au plus vite Léticia, puis de tenter de remonter les cours d'eau au plus près du site d'étude sur une « lancha », une de ces embarcations qui sont des magasins flottants cabotant sur les fleuves du bassin amazonien. Après des visites plutôt infructueuses à L'Institut géographique national, au Ministère de l'Agriculture, dans l'espoir d'obtenir des photographies aériennes et des données météorologiques, je dus faire le siège de la compagnie aérienne qui desservait Léticia. Pendant une matinée entière je restai accroché au comptoir en exigeant deux passages pour nous et les bagages, dans une ambiance de semi-insurrection, car il y avait beaucoup plus de demandes que de places dans l'unique appareil en service. Un fonctionnaire devant aller réparer le radiotéléphone était dans le même cas que nous. Il se recommandait de son ordre de mission officielle et de l'urgence de son intervention. Je fis de même en insistant sur le caractère international de ce voyage et du rendez-vous que j'avais avec le Commissaire général d'Amazonas, Don Cesar Moreno. Mon insistance irréductible matérialisée par mon accrochage au comptoir comme une patelle sur son rocher, eut gain de cause et nous obtinrent le passage à bord. L'appareil assurant la liaison entre Bogotá et Léticia doit vite atteindre l'altitude permettant de passer au-dessus de la cordillère, à partir de la savane dans laquelle la capitale est incluse, puis franchir vers le sud toute la partie nord du bassin amazonien. En l'occurrence, il s'agissait d'un Douglas DC4, un de ces quadrimoteurs à hélice construit pendant la deuxième guerre mondiale et dont le surplus a équipé la plupart des lignes mondiales à partir de 1950. Celui dans lequel nous avons pris place devait être passé dans plusieurs compagnies avant de venir terminer sa carrière sur ce trajet. Nous partagions la cabine d'une cinquantaine de sièges avec une troupe de touristes français. Il s'agissait apparemment d'un comité d'entreprise ou un équivalent, en tout cas de personnes qui se connaissaient toutes, et comme souvent quand il s'agit de français à l'étranger, bruyants et peu sensibles à l'environnement naturel comme humain. Les habillements étaient complètement décalés par rapport au climat qu'ils allaient connaître à leur destination, tel que complet veston avec gilet. Les réflexions à voix haute étaient du style, face à la forêt qui se déroulait sous l'avion ; « C'est toujours la même chose, on dirait des choux-fleurs ». Pendant tout le voyage, nous évitons soigneusement de nous parler pour ne pas révéler notre nationalité, un peu honteux de ces compatriotes. Notre position dans l'appareil nous donnait une vue imprenable sur les moteurs dont l'un crachait manifestement son huile.

L'Amazone, enfin !

L'avion se pose sans problème sur la piste de Léticia, après un tour qui nous montre enfin par le hublot l'immense ruban de l'Amazone. Le vénérable DC4 est le seul appareil présent sur la piste. Les passagers se dirigent alors vers ce qui tient plus du hangar que d'une aérogare. Devant la file d'attente conduisant à l'unique guichet de contrôle, et désirant fuir au plus vite la compagnie des touristes, je décide de jouer encore une fois un coup de bluff, et nous passons devant tout ce monde, ce qui, à la vue de la couleur de nos passeports, soulève les protestations des français. Me réclamant d'un rendez-vous avec le commissaire général de la province, j'obtiens sans difficulté notre passage en priorité.

Malgré sa situation stratégique, Léticia était alors une toute petite localité, et c'était une piste étroite bétonnée sur quelques centaines de mètres qui reliait l'aérodrome et le centre-ville. Une rue descend jusqu'à la rive du fleuve et une autre conduit sans transition à la ville mitoyenne de Tabatinga. On entre ainsi au Brésil, ce qui se manifestait par une rue goudronnée et un panneau annonçant en portuguais l'ouverture prochaine d'un supermarché. Nous avons établi nos quartiers dans une petite pension sympathique. Elle s'ouvrait sur la rue par une terrasse qui nous a servi de laboratoire pour étiqueter nos échantillons. En effet, nous sommes encore restés coincés quelques jours avant de trouver une issue. J'avais appris que Léticia était sous le contrôle de trois personnages, le commissaire général, l'évêque et le propriétaire de l'unique hôtel qui recevait les touristes. Ce dernier se nommait Mikos Tsalikis. Je connaissais cette figure par la lecture d'un magazine consacré aux reptiles, dans lequel une photo montrait Tsalikis dans la boue en train de maîtriser un gros anaconda. Cet aventurier avait depuis fait son chemin, un moment consul des Etats-Unis, et à présent à la tête d'une entreprise de tourisme qui comprenait manifestement un volet de trafic d'animaux et sans doute d'autres substances, car il partageait avec l'évêque une petite flotte aérienne, dont un DC3 faisant la liaison semble-t-il avec Miami. Cet évêque à la tête de la préfecture apostolique de Léticia avait lui aussi un certain pédigré. Il avait été en effet compromis dans une affaire d'exploitation économique des indiens Sibundoy dans une vallée andine près de la source du Putumayo. Ce scandale, dénoncé par l'enquête de l'anthropologue Victor Daniel Bonilla[3] avait soulevé une indignation nationale dans la mesure où une congrégation religieuse était devenue un « état dans l'état », au profit déclaré du franquisme selon l'adage « Béni soit Dieu et béni soit Franco ». La congrégation capucine catalane avait dû se replier dans la province d'Amazonas. Quant au commissaire général, il était le représentant officiel de l'état colombien. Il siégeait dans un bâtiment imposant et nous reçut dans une vaste pièce où il se tenait derrière un non moins gigantesque bureau. Derrière lui, le mur était orné d'une grande fresque représentant diverses activités dans la forêt amazonienne, chasse, pêche et navigation. C'est une personne avenante, qu'on croyait sortie d'un roman de Marcel Pagnol. Je lui fais part dans mon espagnol approximatif de notre besoin de gagner La Chorrera, village proche du site où se déroulait la partie du programme franco-helvético-colombien auquel nous participons. Il nous confirme qu'il avait été mis au courant de notre visite par « son ami Don Jorge », c'est ainsi qu'était connu notre coordinateur Jürg. Mais il ne nous cache pas son incapacité à nous aider directement. Il y avait quelque ironie entre ce décor théâtral et l'impuissance manifeste de ce personnage officiel assis là comme un souverain sans pouvoir. Son conseil fut de nous trouver le matin à six heures, à la terrasse d'un débit de café situé sur le bord de l'Amazone, pour interroger les personnes qui s'y trouvent habituellement. Il faut préciser que le café est en Colombie non seulement la boisson la plus employée mais aussi le lien social essentiel. Ce café a bon goût et on peut en boire plusieurs

[3] « Serfs de Dieu et maîtres d'Indiens », 1972, Fayard, Paris.

fois dans la journée sans en ressentir d'inconvénient. C'est donc à la fraicheur de l'aube et sous la brume qui couvre le fleuve que nous nous installons dans un espace occupé par plusieurs sièges rustiques disposés devant une cabane en bois, comme celles qu'on trouve sur les champs de foire. Là officie le serveur de café. Cinq ou six hommes se trouvent bientôt réunis dans ce lieu. Il s'agissait manifestement pour eux d'une sorte de rituel quotidien. Leur curiosité amorça la conversation, sans beaucoup de difficulté linguistique, car certains ne s'exprimait guère mieux que moi, l'un parlant un mélange de portugais et d'espagnol caractéristique des rives amazoniennes, ce qu'on nommait « portignol ». Je m'informe sur les possibilités de remonter le Putumayo dans une « lancha » jusqu'à Arica, une localité où on pouvait venir nous chercher. Hélas, tous se lamentèrent d'être eux aussi coincés à Léticia en raison d'une pénurie de carburant. Nous n'avions pas imaginé que la crise pétrolière se répercuterait aussi loin. Cependant, notre présence suscite des fantasmes. Je compris vite que nos interlocuteurs n'ayant aucune idée de ce que pouvait être une recherche scientifique, ne raisonnaient qu'en termes de trafic. L'un d'entre eux insiste pour me convaincre d'investir des capitaux avec lui pour créer une entreprise de bois de rose dans une localité qu'il connaissait. Il me garantit une fortune. Il était évident que nous ne pourrions pas les convaincre que la forêt pouvait avoir d'autres intérêts que l'extraction de ses richesses, et dès que la chaleur a commencé à devenir pénible nous regagnons notre pension avec une certaine angoisse. Un peu plus tard, c'est en déambulant dans la localité que nous croisons un groupe de touristes guidé par une jeune femme. C'était une compatriote qui, maîtrisant plusieurs langues, avait été engagée dans l'entreprise de Tsalikis pour organiser le séjour des touristes. Nous avons vite sympathisé et cette rencontre nous a été la seule aide véritable dans ce séjour forcé. Elle paraissait très satisfaite de sa situation et je n'ai pas cherché plus loin sur les raisons de ce choix de vie. J'avais assez souvent rencontré des compatriotes qui avaient choisi de s'extraire totalement de leur milieu d'origine pour se fondre dans le contexte éloigné de pays exotiques. Contrairement à l'image d'Épinal, les anglais ne sont pas les seuls à se lancer volontiers à l'aventure loin de leur origine. La découverte de la véritable

Amérique du nord n'a-t-elle pas été en majeure partie le fruit de ces « coureurs de bois » français allant seuls de tribus en tribus parmi les indiens des Grands lacs et de la prairie ? Ils étaient pourtant le plus souvent issus de ce milieu rural réputé pour sa sédentarité. Cette jeune compatriote nous fournit l'occasion de sortir de Léticia et de faire des marches dans la forêt ainsi que de circuler en barque dans un méandre mort du fleuve, un lago, où s'épanouissent les gigantesques tartes des Victoria regia, ces sortes de nénuphars sur lesquels on voit circuler à grands pas les jacanas. La piste qui joint Leticia au bourg le plus proche, Tarapaca, permet de trouver des zones de forêt. Au kilomètre 4 nous sommes intrigués par une grande statue féminine en bois dont l'origine paraissait inconnue.

Une statue énigmatique au PK4 de la route vers Tarapaca.

C'est après une de ces excursions, alors que nous étions sur la terrasse séparée de la rue par un muret en train d'étiqueter nos prises de la journée, qu'un couple s'arrête pour nous regarder. Tous deux étaient de robustes personnes d'une cinquantaine d'années dont le teint trahissait une vie de plein air. L'homme s'approche contre le muret qui nous sépare de la rue et me dit tout à coup :« Aren't you Doctor Gasc ? ». Cette réminiscence de la phrase célèbre de Stanley à l'adresse de Livingstone était plutôt comique. En réalité, ce couple de fermiers texans avait eu affaire à Bogotá à l'amie qui m'avait ouvert un compte en banque et, apprenant qu'ils allaient sur les bords de l'Amazone, elle leur avait parlé de moi. Ils nous ont désormais accompagné dans nos excursions en forêt, jusqu'à une petite rivière à l'eau claire et fraiche où nous nous sommes tous baignés après une marche suivie d'une collation qu'avait apportée notre efficace compatriote et que nous avons dégustée sur une grande roche plate. J'ignore quel était le mode de vie de ces fermiers disposant de moyens suffisants pour s'offrir un tel voyage, mais je reste surpris par leur aisance dans ce milieu, marchant pieds nus dans la forêt et nageant vigoureusement dans une eau inconnue. Ayant repéré le départ de sentiers pénétrant dans la forêt qui entourait la localité, forêt assez intacte, car aucune activité agricole n'était développée, nous avons pu faire des sorties de nuit. Nous étions l'un et l'autre rompus à cet exercice. Au cours d'une de ces sorties, un chant particulièrement mélodieux nous surpris. Bien qu'ayant localisé la source dans un arbre, la taille de celui-ci et l'absence de moyens pour y grimper nous laissa déçus. Il ne pouvait s'agir que d'un amphibien dont nous n'avions jamais entendu le chant. Nous l'avons nommé « la cantatrice arboricole ». Ce n'est que deux ans plus tard qu'au cours d'une mission en Amazonie péruvienne dans le cadre du même programme, un collègue de l'Université de Vienne en Autriche, Walter Hödl, herpétologue et bioacousticien, identifia cet animal, une toute petite rainette. Pour la capturer, il lui fallut faire abattre l'arbre dans lequel elle développait ses vocalises.

Cependant, on ne voyait toujours pas de solution pour gagner notre lieu de travail. J'avais laissé ma carte à l'adresse de Tsalikis, en faisant état de ma qualité d'herpétologue pour le sensibiliser, mais n'avais reçu aucune réponse. Sur les rives du fleuve, un monomoteur Cessna sur flotteurs était amarré au ponton. J'appris qu'il appartenait à la compagnie de Tsalikis et que son frère Georges en était le pilote. Comme il n'existait pas encore de piste sur le moyen Igara Paraná, la solution de l'hydravion était la seule envisageable et il ne fallait plus songer à la solution de remonter les cours d'eau dans une lancha pendant deux à trois semaines. Encore fallait-il que je parvienne à entrer en contact avec l'insaisissable Tsalikis. Un matin j'ai donc décidé de forcer la porte de ce potentat. Au fond d'un couloir on aboutissait à une sorte de vestibule barré par une table derrière laquelle ce tenait assis un homme faisant office de gardien. Je lui adressai ma demande de rencontrer le seňor Tsalikis. Il me répondit qu'il était dans son bureau en conférence et puisqu'il m'indiquait imprudemment la porte de ce lieu, je me précipitai et après avoir frappé à cette porte l'ouvris sans plus d'attente. Je découvris alors une vaste salle où étaient réunis une dizaine d'hommes comme un ensemble d'élèves devant leur maître. Au personnage un peu interloqué, j'exposais en anglais, car il était citoyen américain, mon besoin de louer le Cessna pour gagner La Chorrera. Il m'invita à sortir de la pièce et m'accompagnant jusqu'à son cerbère lui demanda de contacter son frère Georges. C'est ainsi que sortant mon carnet de chèques issu d'une banque colombienne, je conclus le marché avec celui qui devait nous conduire enfin sur notre lieu de travail. Rendez-vous fut pris pour le surlendemain matin au débarcadère qui faisait office de port. Juste le temps de contacter Jürg par l'intermédiaire du poste de La Chorrerra. Le hameau indien où il résidait étant situé 17 kilomètres en aval, le message devait encore lui parvenir par pirogue, mais nous savions que la venue d'un avion ne passerait pas inaperçue de tout le secteur.

Enfin la forêt

Au petit matin nous sommes sur le ponton orné d'une cabane qui servait de terminal au petit hydravion blanc et rouge auprès duquel Georges Tsalikis s'affaire. Deux représentants de forces publiques, douaniers ou policiers, sont aussi au rendez-vous, immobiles sur la berge, et nous observant. Nous chargeons nos bagages composés essentiellement de gros sacs de forte toile. Le pilote place l'appareil à contre-courant. Le décollage à partir de cet immense fleuve n'est pas sans danger, car des obstacles importants peuvent être charriés par ses eaux. Notre pilote est plutôt muet, se contentant de nous signaler le Putumayo lorsque nous le survolons pour prendre ensuite la direction nord-ouest et remonter l'Igara Paranà. C'est une rivière moyenne malgré sa longueur. Sa largeur est d'une quarantaine de mètres à la hauteur de La Chorrera. Cette localité figure sur les cartes générales, car il s'agit d'une commune correspondant à un district amazonien co-administré par un corregidor, représentant de l'administration colombienne et par un « padre » d'une congrégation religieuse catalane. Les enfants sont scolarisés dans un internat religieux. Nous sommes dans le territoire où vivent majoritairement les indiens witotos. Notre petit hydravion se pose sur une section rectiligne entre un coude et le rétrécissement du cours d'eau qui signale le rapide situé à la hauteur de la bourgade. Je suppose que ce n'était pas la première fois pour Georges Tsalikis, en tout cas il ne répondit à aucune de mes questions et conserva le visage fermé d'un simple prestataire de services. Rien d'un grec immigré en Amazonie. Une embarcation vient se placer à côté de l'appareil et nous transbordons nos bagages et vivres en utilisant un flotteur comme marchepied.

Le Cessna sur flotteurs se lance sur l'Amazone qui charrie beaucoup de débris.

Jürg est là pour nous accueillir. L'appareil fait demi-tour et tandis que nous nous éloignons vers la berge, il se dirige de toute la puissance de son moteur vers le coude et décolle juste à temps pour passer au-dessus du mur de la forêt, petit jouet blanc et rouge sur l'immense fond vert sombre. Nous sommes enfin parvenus au cœur de l'Amazonie colombienne, à 500 kilomètres de Léticia et de l'Amazone. Cette région qui s'étend entre le Putumayo et le Caqueta est majoritairement peuplée par le peuple witoto. Elle a connu le drame de l'exploitation du caoutchouc sauvage au début du 20e siècle par une compagnie nommée « Casa Arena » du nom de son sinistre fondateur Julio Cesar Arena del Aquila qui réussit à se faire passer pour un bienfaiteur et mourut impunément en 1952. Sa compagnie étendue par des capitaux anglais sous le nom de Peruvian Amazon Compagny Ltd a été responsable d'une décimation des indiens. Des ouvrages célèbres ont été inspirés par l'organisation de cette entreprise génocidaire qui ne cessa ses activités qu'à la chute mondiale du caoutchouc naturel [4].

Le clan du soleil

Après la descente de la rivière sur une dizaine de kilomètres, je découvre le hameau habité par les familles Kiuru, Witotos du clan du soleil. Le père avait accueilli Jürg qui avait appris leur langue. Les habitations sont groupées sur le sol sableux d'une terrasse. Nous y sommes reçus avec la chaleur bien connue de l'hospitalité des indiens. Ceux-là ont été décrits par les premiers récits comme des sauvages nus pratiquant le cannibalisme, selon l'exagération fantasmatique, et surtout l'incompréhension propre à la plupart des européens. Les survivants de cette ethnie avaient désormais des allures d'ouvriers sortant de chantier avec leurs casques. Les enfants de la génération qui a subi l'esclavage de la collecte du latex

---

[4] On peut citer : 1924. José Eustacio Rivera. « La Voragine ». W.E. Hardenburg, 1972, The Putumayo, the devil's paradise. Travels in the Peruvian Amazon region and an account of the the atrocities commited upon the indians therein, Londres-Leipzig. J.M. Campazano. 1972. La Amazonia, Mentira y esperanza. Ediciones de la Universita de Bogotá Jorge Tadeo Lozano.

et du bois de rose ont été enlevés à leurs parents et mis en pension dans les internats catholiques. Cependant l'essentiel de leur culture a persisté par voie de la transmission orale et avant sa mort le père Kiuru en avait transmis les termes à Jürg. Les trois familles des frères Kiuru étaient réunis dans ce hameau.

Le hameau KIURU.

Dès l'arrivée, après avoir pris nos quartiers dans une maison traditionnelle sur pilotis qui nous attendait, je dois devenir écolier et devant un tableau apprendre de Jürg les termes désignant les états successifs des parcelles cultivées ainsi que les catégories de sol reconnue par les indiens. En effet, l'intervention des zoologistes dans ce programme d'étude de la culture sur brûlis consiste à suivre la succession des peuplements animaux depuis la mise en place de la plantation ou chacra, jusqu'au retour à un nouveau couvert forestier après l'abandon. C'est pourquoi tout un travail préliminaire avait été réalisé par Jürg avec l'aide des habitants pour établir un échantillon de terrains cultivés depuis une date connue et en fonction des types de sols présents dans les terrasses de la rivière. Les petits vertébrés, amphibiens et reptiles, sont de bons candidats pour témoigner par leur présence ou absence de cette évolution à partir de la faune témoin présente dans la forêt alentour. J'apprends ainsi que chaque famille exploite trois abattis principaux qui ne sont jamais très éloignés du village. L'un est en cours de préparation, le dernier est en déclin et sera bientôt abandonné. Les sols les plus riches sont situés dans les terrasses basses et sont les plus menacés par les inondations. Le risque est assumé par la majorité des indiens en Amazonie, qui ont eu tendance à quitter les zones de terre ferme pour se rapprocher des cours d'eau. La richesse en poissons qui assure une ressource plus constante que le gibier est sans doute aussi à prendre en compte dans ce mouvement. La combinaison de tous ces paramètres associés au calendrier annuel et les conditions météorologiques révèle un travail gigantesque impossible à réaliser au cours d'une seule mission. Il faudrait au moins pratiquer notre inventaire pendant un cycle annuel. Nous devons donc nous reporter sur le soutien très efficace des habitants qui répondent avec précision aux questions concernant les conditions saisonnières, leurs pratiques correspondantes et les animaux qui y sont associés. Ceci nous permet de combler l'absence d'observation directe et en même temps de recueillir des informations sur le nom des espèces et des particularités de comportement. Le dispositif d'inventaire comprend tous les cas correspondant aux paramètres reconnus par nos hôtes, chaque site étant numéroté pour y associer les spécimens capturés. En mars-avril, nous sommes au début de la saison des pluies. C'est la période de la récolte des rainettes. Dans la forêt inondable, les indiens creusent dans le sol argileux de grands trous, d'environ soixante centimètres de diamètre et autant en profondeur. Les parois verticales en sont soigneusement lissées. Ce sont des pièges traditionnels spécialement préparés pour de grosses rainettes brunes (du genre Osteocephalus) qui à ce moment descendent de la canopée pour se reproduire. Elles constituent une friandise saisonnière.

Chaque jour un site d'étude est inventorié. Nous y sommes conduits par un des frères qui en profite pour récolter du tabac et des feuilles de coca, toujours présents dans la mosaïque du jardin. Ce jardin de l'horticulture sur brûlis présente pour nous un aspect déroutant. En effet, le sol est encombré par de grosses branches et quelques troncs calcinés que le feu allumé par le couple qui exploite la parcelle n'a pas totalement réduit en cendres. Les végétaux ont été répartis selon la richesse en cendres, l'orientation, la pente. Bouture de manioc, tubercules d'ignames et autres, graines de maïs, plantules d'arbres fruitiers et graines diverses sont ainsi logés en évitant de se gêner une fois développés. Ce sont les femmes qui ont la charge de l'entretien et des récoltes. L'exploitation ne dure que quelques années, les sols étant vite épuisés. Cependant des arbres fruitiers plantés ont le temps de produire, en particulier le « caïmo », représentant d'une famille, les Sapotacées qui est riche en arbres produisant des fruits comestibles. Cependant, la plupart des fruits consommés sont récoltés dans la forêt et en lisière de cours d'eau. C'est le cas du « chontaduro », fruit d'un grand palmier qui tient une place importante dans l'alimentation à une certaine période de l'année. Pour gagner les abattis on emprunte des sentiers partant du village ou bien des « quebratas ou quebraditas », ces criques qui se jettent dans lgara Paranà, que les Witotos appellent Cotuhé. On embarque alors dans une minuscule pirogue dont les bords sont au ras de l'eau. On glisse entre les arbres dans un silence que ne trouble pas l'action de la large pagaïe manœuvrée à chaque seconde. Les rives se reflétant sur l'eau sombre et immobile créent un décor surprenant, plein d'illusions. Au cours d'une de ces courtes navigations, Avelino cessa son mouvement et se tournant vers moi me posa cette question qui, tout en paraissant hors de situation, révélait une profonde préoccupation : « C'est vrai qu'en Chine les prêtres n'ont pas de pouvoir ? ». J'apprends ainsi deux choses : la première est le sentiment d'oppression de ces populations qui, à peine échappées à l'horreur de l'esclavage pratiqué par les compagnies qui ont fait fortune sur la saignée des arbres à caoutchouc, sont tombées sous la coupe des congrégations religieuses espagnoles. La seconde est que nos indiens utilisent leurs transistors pour capter sur les ondes courtes la propagande diffusée en espagnol par radio Pékin.

Chaque soir, nous étiquetons les spécimens récoltés, les fixons dans un liquide de conservation, mettons nos notes à jour et ce cérémonial s'accomplit sous les regards de tous les membres de la famille. Nous commentons pour expliquer le sens de notre travail et recueillons les informations que les uns et les autres nous donnant à l'occasion, noms witoto des animaux, les usages et les anecdotes. J'apprends ainsi qu'il n'existe pas de nom général pour les serpents venimeux ; en revanche chaque espèce possède un nom, et la queue est réputée siège du danger, croyance qu'on retrouve dans les campagnes européennes. Au début, mon travail d'inventaire ne présente pas de surprise en comparaison de mon étude similaire effectué chez les indiens du Haut Oyapoc en Guyane. Dans les abattis, je trouve des populations abondantes d'Ameiva, ce lézard commun aux milieux ouverts. Les Witotos donnent des noms différents aux mâles et aux femelles, comme s'il s'agissait de deux lézards distincts. Il est probable qu'ils confondent sexe et âge. Sans doute cette confusion repose-t-elle plutôt sur la différence de livrée entre les jeunes et les adultes dont les couleurs s'inversent entre avant et arrière du corps. Mais bientôt je rencontre le lézard que les indiens appellent « lézard de soleil ». Il s'agit du cnémidophore, un peu plus petit que ameiva, plus fin et surtout portant une livrée formée de lignes sombres sur un fond jaune. La présence de ce lézard, mâles et femelles, pose immédiatement une question. Voilà l'histoire. Je connaissais bien ce lézard pour l'avoir rencontré en Guyane, sur la côte dans les zones sableuses. Il y creuse des terriers et dans la journée se disperse dans les buissons où il chasse les insectes ailés. Cette espèce pose une énigme biologique signalée pour la première fois chez un lézard du Caucase par Ilya Darevsky : la reproduction peut s'effectuer par parthénogénèse, c'est-à-dire au sein de population dépourvue d'individus mâles. Ce phénomène a été ensuite décrit au Brésil chez le cnémidophore. J'avais pu constater qu'en Guyane cet animal est présent sur le littoral sous la forme de populations composées seulement de femelles entre Cayenne et l'embouchure de la rivière Mana à l'ouest. Puis, sur les plages comprises entre la rive gauche de cette rivière et l'embouchure du Maroni qui fait frontière avec le Surinam, les populations sont bisexuées les mâles se reconnaissant à leur taille plus grande et leur gorge bleue. J'avais pu constater leur absence à l'intérieur du territoire, où les plages de sable sont rares et les rives des cours d'eau fréquemment accidentées par des roches formant des rapides. Or, ce lézard ne creuse pas dans le sol compact. Ses mains sont frêles comparées aux robustes pattes de l'ameive qui creuse des terriers dans les chablis et les abattis. Ici sur l'Igara Paranà, le sable est très présent. Le village où vivent les Kiuru est construit sur du sable. Mais comment cet animal est-il parvenu si loin en amont d'un affluent indirect de l'Amazone, dans l'hypothèse où il proviendrait du littoral atlantique ? La présence de ce sable et surtout sa source offre une alternative. Un pédologue colombien était venu faire une étude de la région et signalait que le plateau surmontant la vallée du fleuve était constitué de grès. Ce grès est le reste de la couverture sédimentaire déposée sur le socle cristallin au cours du précambrien. Cette formation s'étend depuis le Venezuela, où elle constitue les hauts plateaux spectaculaires ou tepuis, jusqu'au piémont andin. Cet ensemble est appelé « bouclier guyanais ». Il arrive en effet jusqu'à la région où nous sommes ! Nous le retrouverons un peu plus tard mais pour l'instant nous décidons d'aller voir de plus près ce qui est, par effet de l'érosion, à l'origine du sable si fréquent au niveau du cours d'eau. Au cours de cette excursion sur le plateau dominant la vallée je retrouve un milieu à dominante minérale qui rappelle celui des inselbergs granitiques. Sur le sol poussent les rosettes des longues feuilles coriaces de Bromeliacées, des fougères et d'étranges lichens encroûtant portant des fructifications aux couleurs vives, ainsi que des orchidées terrestres. On a là sans doute l'extrémité de cet arc de reliefs dit du nord-amazonien par Vanzolini et qui est en réalité les restes de la couverture gréseuse du bouclier « guyanais ». C'est donc par l'érosion que ce grès donne le sable rencontré plus bas dans les sols et sur les berges, offrant des conditions de vie aux cnémidophores. Ces lézards ont-ils suivi de proche en proche les zones sableuses produites par le grès entre le littoral des Guyanes et l'Amazonie du nord-ouest ? Sa présence sous la forme de population bisexuée si loin de ce qui paraît un point de départ contredit l'idée que la diffusion serait facilitée par la parthénogénèse en donnant à une seule femelle le pouvoir d'établir une population unisexuée. J'avais été témoin de ce phénomène de colonisation en Guyane sur la piste de Saint-Elie, quand quelques individus avaient été apportés avec du sable sur un chantier à partir du littoral. Existe-t-il une régulation génétique permettant à des femelles de produire des mâles ? Autant de questions, qui jointes au fait que toutes les régions intermédiaires n'ont pas été inventoriées, ouvraient un champ de recherches.

L'étrange végétation sur les affleurements du grès précambriens.

La maison elle-même réserve des surprises. Le soir, c'est le gekko de forêt, Thecadactylus, mabi pour les witotos, qui vient chasser les insectes attirés par l'éclairage. Tout à fait familier, bien que son biotope naturel soit constitué par les contreforts des grands arbres de la forêt, il se manifeste par des claquements de langue. Mais une surprise plus désagréable nous attend : la présence de toute une portée de jeunes grages comme on dit en Guyane, Bothrops, le serpent venimeux le plus répandu, débusqués par Avelino sous sa maison. Ces prédateurs se rapprochent des habitations et de leurs cohortes de rongeurs attirés par les réserves de nourriture. Les Witotos connaissent bien les serpents et leur diversité en les nommant. Ainsi, parmi les Colubridés, ceux qui sont fins et longs, ce que nous nommons serpents-liane, ils distinguent deux groupes : ceux qui chassent plutôt au sol et ceux qui chassent dans les arbres et arbustes. Quant aux espèces de Xenodon, serpents terrestres relativement courts ils distinguent le plus grand qui est sombre et ils les appellent d'un terme général qui signifie la galette de farine de maïs, évoquant ainsi le comportement de ces animaux qui écartent les côtes et deviennent tout plats quand ils sont inquiétés, ce qui les fait ressembler à des najas.

Certains soirs, nous nous retrouvons dans la « maloca », la case commune traditionnelle des indiens où se tiennent les réunions et les cérémonies. L'existence dans ce petit hameau de cette structure décrite partout en Amazonie révèle la résilience culturelle de la communauté. C'est alors que tous accroupis autour du feu les frères échangent idées, chants et paroles sacrées. Dans cette « cour de coca » l'aîné, son casque de chantier vissé sur la tête, a remplacé le père et distribue la poudre de coca qui a été préparée et se trouve dans une boite métallique, sans doute l'emballage d'une denrée achetée au comptoir du « padre ».

La cour de coca, soirée au cours de laquelle l'aîné distribue la poudre de coca aux assistants.

Le complément indispensable est un petit récipient en métal dans lequel plonge un court bâton. Il contient la pâte de tabac. Il s'agit d'un concentré de nicotine, issu d'une longue préparation à partir de feuilles des pieds de tabac plantés par les hommes dans un coin privilégié de la chacra. Le bâton enduit de pâte est essuyé sur la langue et la pâte lentement dissoute par la salive. À ces instants, le temps est déroulé, celui des mythes évoqués par la répétition des chants que modulent les assistants, celui de l'avenir concernant les décisions à prendre sur la chasse, la pêche individuelle ou collective, la préparation de nouvelles plantations et les fêtes qui les accompagnent. Je ne sais si c'est le poids de leur histoire tragique au début du 20e siècle ou l'usage constant de la coca, mais les Witotos dorment peu, paraissent anxieux et échangent sans cesse leurs pensées. Jürg considère ce groupe comme un noyau intellectuel, un aréopage de savants. Il se peut aussi que ce comportement soit plus général en raison du traumatisme de l'histoire.

J'assiste à la sculpture d'une pagaie, puis à sa teinture. L'unique outil, c'est la machete, maintenue toujours aiguisée. La pièce de bois clair et léger est peu à peu amincie et prend la forme d'une grande langue large d'une cinquantaine de centimètres sur une longueur de soixante. Le manche, long d'un mètre vingt environ est fin et se termine par une courte poignée transversale. L'ensemble a beaucoup d'élégance.

La pagaie enduite de teinture est placée dans une fosse et arrosée d'urine pour le mordançage.

La longueur totale de cet outil est environ égale à la hauteur de l'indien. Bien équilibré, il est à la fois efficace et ergonomique. La teinture est obtenue en battant des fibres d'un bois rouge à l'aide d'un marteau, le jus étant recueilli dans une coupe. Elle est appliquée sur la totalité de la surface de la pagaie qui est appuyée verticalement sur un baliveau. Puis elle est placée au fond d'une fosse creusée dans le sable à ses dimensions, calée sur de petites tiges transversales. Pour mordancer la teinture, la pagaie est arrosée d'urine et la fosse est protégée par une grande feuille de bananier. La macération dans cet espace confiné dure plus d'un jour. Ainsi nos hôtes fabriquaient de multiples objets en bois. Un des trois frères me propose de sculpter pour moi une « espada de madera ». C'est une pièce d'un beau bois rouge, très dense. Entièrement sculptée à la machete et polie au couteau, cet objet en forme d'épée mesure un peu plus d'un mètre de long. J'apprends qu'il s'agit d'une massue qui autrefois était utilisée pour mettre à mort le prisonnier de guerre dont le corps était ensuite mangé. J'avais lu des descriptions de ce cannibalisme rituel faites par les premiers européens entrés en contact avec les indiens, Jean de Léry et André Thevet au Brésil au seizième siècle. Le fait que les Witotos ont conservé le savoir-faire technique répondant à cette coutume témoigne à la fois de leur résilience face à l'entreprise de déculturation par les envahisseurs et de la disparition assez récente de cette pratique rituelle pour que la mémoire en soit conservée dans la fabrication d'objets.

Le séjour dans le hameau de la famille Kiuru s'est déroulée ainsi, entre les visites dans les différentes parcelles d'horticulture, résumant la suite traditionnelle de l'exploitation de la forêt et les soirées réservées aux échanges sociaux, tous réunis autour de nous pour nous observer alors que nous traitons les spécimens capturés, rédigeons nos notes, enregistrons les noms vernaculaires, répondons aux questions ou bien assistons aux chants cérémoniels des hommes dans la « cour de coca ». Puis la date de notre départ est arrivée. Il nous faut conditionner notre matériel en vue de son acheminement par pirogue jusqu'au point amont où il sera chargé dans l'avion de l'ILV avec un accompagnateur. Quant à nous, les deux zoologistes, nous devons rejoindre par voie de terre le village de La Sabana, situé au nord entre l'Igara Paranà et le rio Cahuinari, un affluent du Caqueta. Il s'agit de suivre à travers la forêt une « troïcha », une de ces voies transversales sans doute anciennes qui réunissent les bassins fluviaux. Dès le matin du départ nous voilà à nouveau devant des imprévus : une panne du moteur de la pirogue d'Ignacio dont nous avons loué les services. Cela survient 300 mètres après le départ ! Mais, comme ce genre d'incident est monnaie courante en raison de l'âge avancé du matériel, l'ingéniosité indienne surmonte rapidement l'embarras et nous parvenons à La Chorrera à 12 heures. Là, il faut obtenir du corregidor qu'il réunisse une équipe pour transborder matériel et matériel au-dessus du rapide. Malgré le manque d'enthousiasme du fonctionnaire qui était flanqué d'un envoyé de Léticia pour établir les listes électorales, nous trouvons assez vite huit hommes contents de gagner quelques pesos. Pendant le temps des préparations, je me dirige au sommet de la colline, là où siège la maison du « padre », car j'ai besoin de son aide pour avoir de la petite monnaie destinée à la paye des manœuvres. Je m'explique auprès de sa servante qui me dit que c'est l'heure du repas et que je dois attendre, le padre ne pouvant être dérangé pendant qu'il mange. Depuis cette maison on domine tout l'ensemble des habitations et la vallée de l'Igara Paranà. Non loin de l'habitation se trouve un grand hangar dans lequel j'ai la surprise de voir des centaines de peaux de pécari en train de sécher. Ceci est probablement une partie du négoce du religieux. Enfin, il me reçoit très froidement et j'obtiens les petites coupures que je dois distribuer pour payer le transbordement. Mais celui-ci a pris plus de temps que prévu ; huit hommes ce n'était pas assez et ils n'ont terminé qu'à la nuit tombée. Par ailleurs nous n'avons pas trouvé deux guides pour nous accompagner à La Sabana, une quarantaine de kilomètres à couvrir en deux jours. C'est pourquoi nous allons dormir chez un Witoto, Bonifacio, personnage semble-t-il influent dans la communauté, parlant avec un accent portugais. Le soir, après la paye, Avelino nous offre de la cassave, des frites de manioc, des chontaduros, ces fruits d'un grand palmier du genre Bactris, le tout agrémenté par une de nos boîtes de sardines. Ce geste d'adieu ne se fait pas sans émotion, car nous avons échangé pendant ce séjour, ce qu'il y a de meilleur chez les humains, amitié et fraternité. À peine sommes-nous couchés qu'un muchacho arrive pour se proposer comme porteur. L'affaire tout juste réglée qu'il s'en présente un second. Du coup, les voilà tous lancés dans une discussion politique. Les élections qui approchent constituent en théorie un espoir de changement, mais de ce que je comprends, car en s'exprimant en castillan ils me prennent en quelque sorte à témoin, ils sont inquiets. Ils se sentent abandonnés par Bogotà et n'ont guère l'espoir que ce changement politique et les promesses électorales qui l'accompagnent leur permettent de sortir d'un état qu'ils considèrent comme de la misère. Leurs demandes sont étonnamment précises : ils veulent avoir les moyens d'un départ économique, pouvoir écouler leur production agricole, en particulier les nombreux fruits locaux, grâce à des prêts leur permettant d'acheter des mules. Les deux porteurs et guides sont aussi différents que possible. Un petit jeune tout feu tout flamme et un homme âgé, qui ne doit pas peser plus de quarante kilos, et encore tout mouillé ! Nous prenons la route le lendemain matin. C'est une voie facile pour qui a connu la forêt de Guyane. Elle est en effet tracée dans une plaine et était, nous dit-on, large de 5 mètres du temps où circulaient sans cesse les mules des compagnie péruviennes transportant bois de rose, caoutchouc et vivres. C'est cette voie qui unit le Putumayo et le Caqueta, probablement depuis une lointaine époque. On peut donc circuler d'un pas régulier et vif car le terrain n'est pas accidenté. Il y a tout juste de temps en temps des petites criques à franchir, en équilibre sur un tronc d'arbre. Le soir on fait étape à Santa Maria. La surprise est de trouver le village vide de ses hommes. Seules des femmes nous accueillent, les hommes étant occupés dans les bois. L'accueil est chaleureux et nous avons le privilège de goûter à la friandise que représentent des larves de coléoptères mangeurs de bois. Elles sont fumées. Pour les déguster on les saisit entre le pouce et l'index par la tête, seule partie dure de l'animal, et on fait éclater le corps dans la bouche. Cela a un goût parfumé, léger rappel du bois que la larve a consommé. Après nous être reposés un peu nous voyons arriver les hommes et nous nous installons dans la maison du principal responsable du village, un jeune « auxilliaro ». C'est lui qui, le soir venu, nous expose longuement les problèmes rencontrés par la communauté. Bien qu'imprégné par la propagande officielle dispensée dans les internats, il expose ses revendications et se plaint de l'isolement des populations situées loin des fleuves. Elles ne peuvent commercialiser les produits de leurs activité horticole, en particulier les excellents fruits exotiques de la forêt qu'ils cultivent en quantité.

La troicha vers La Sabana, voie entre l'Igaraparana et le rio Caqueta.

Il pense que les autorités qui accordent des aides pour acheter un canot devrait aussi aider ceux qui vivent dans la terre ferme en fournissant des mules pour gagner les ports sur les grands fleuves. Le plus urgent selon lui est que les indiens devraient se grouper et apprendre à s'organiser. Il faut, dit-il, bien savoir le castillan et le « savoir vivre » pour se défendre, expliquer à tous ce qu'est une assemblée générale pour prendre ensemble des décisions et répartir les tâches au sein d'une action commune. En somme créer des coopératives. Ce discours surprenant en pleine forêt d'Amazonie, apparaît comme une sorte de syncrétisme entre une aspiration démocratique et un retour à l'esprit de l'organisation sociale de leurs ancêtres. Le lendemain, il nous reste trente kilomètres à parcourir et le chemin est un peu plus accidenté. Remplaçant un des guides, l'auxiliaire continue à nous exposer en route son programme pour une organisation des indiens de la forêt, du moins ceux qui désormais portent chemise et pantalon, vont à la chasse avec un fusil et considèrent les « desnudos » comme des sauvages dangereux, bien que parfois ils parlent la même langue. Il me montre la partie droite de la troïcha en m'affirmant que tout homme, blanc ou indien portant un pantalon, qui pénétrerait dans la forêt dans cette direction s'exposerait à être fléché. C'est en effet le territoire de ceux qui ont échappé à l'enfer de l'époque du caoutchouc et se sont isolés dans les zones reculées de la forêt. Ce phénomène de résistance par la fuite et le retranchement est fréquent en Amazonie et explique la survie de petites populations jusqu'à ce que l'emploi récent de repérage aérien et des opérations de destruction massive soient parfois employés pour permettre la poursuite des activités d'extraction de bois et d'autres matières premières.

Nous arrivons bien fatigués dans le village de La Sabana, situé entre le rio Cahuinari et une grande savane. Nous nous écroulons chez un personnage moustachu entouré d'une ribambelle de gosses. Nous partageons nos vivres, persuadés que l'avion de l'ILV sera au rendez-vous le lendemain comme prévu. Notre hôte à l'air de celui qui se prélasse toute la journée. Comme il ne croit pas à la venue de l'avion, il ne quitte pas le hamac le lendemain matin alors que nous attendons. Mais vers 11 heures la pluie commence à tomber, une pluie régulière qui n'augure rien de bon pour le reste de la journée. Nous circulons autour du village. La savane a l'air d'origine naturelle, c'est un ilot de prairie sèche entouré par la forêt. Les cultures ressemblent plus ici à des jardins. Elles sont ordonnées et à peu près dépourvues de restes du brulis. Il semble que le sol soit ici suffisamment riche pour assurer une certaine permanence de la culture. Non loin du village, il y a un petit rio bordé de forêt galerie. Nous nous y baignons avec plaisir. Sans doute ce vallon rejoint-il le Cahouinari. Le chemin par lequel nous sommes arrivés se poursuit jusqu'au Caqueta, mais il traverse la zone réputée dangereuse parce qu'elle est habitée par les nomades « desnudos » que tout le monde ici redoute. Les habitants de La Sabana parlent une langue en train de disparaître, le Muinane, car ils en sont les derniers locuteurs. À 3 heures l'avion n'est toujours pas arrivé, voilà encore un contre-temps. Le plus inquiétant est que personne ici ne croit à la venue de l'avion qu'ils connaissent bien, car les évangélistes sont des habitués. Ils les visitent régulièrement et leur distribuent les fameuses cassettes bibliques. Nous sommes précisément à la veille de Pâques et toute la communauté est littéralement branchée sur les lecteurs pour écouter le récit de la passion du Christ. En attendant nous sommes pris au piège, sans nouvelles ni moyen de nous signaler, au beau milieu d'une zone sans communication, loin des fleuves. Nos vivres sont épuisés après les avoir partagés avec les habitants et nous constatons que ceux-ci n'ont aucune activité, n'ont pas de réserves et semblent avoir oublié de se nourrir. Il y avait de quoi être de mauvaise humeur, car autant il est facile de mettre à l'écart ses projets et ses besoins quand on est plongé dans des circonstances relevant de coutumes éloignées des nôtres, réduits à la position d'observateur, autant il est irritant de subir une ambiance et des démonstrations qui ont été importées et ne présentent aucun intérêt. Ces pauvres habitants, survivants d'une ethnie, les derniers à parler leur langue d'origine, étaient en train de jouer des rôles que leur avaient appris des maîtres.? Oui, c'était bien cela, ils donnaient l'impression de jouer leur tragédie inconsciente. J'ai alors la révélation du phénomène qui quelques années auparavant avait fait naître ce mouvement messianique par lequel des milliers d'indiens avaient suivi le fameux « Jose da Cruz », errant avec sa croix vers une forme de suicide collectif. À La Sabana, avec le récit dramatique sans cesse répété de la passion du Christ telle qu'elle leur était communiquée par leur magnéto-cassette, c'était leur propre disparition qu'ils ressentaient, en espérant une résurrection. Le lendemain matin, alors que je ruminais dans mon hamac, estomac vide depuis deux jours, un jeune homme viens nous inviter à assister à l'office religieux ; c'est le diacre formé par les évangélistes. Nous sommes en effet le dimanche de Pâques. Mon collègue a été autrefois prêtre et il accepte d'emblée. Moi je rechigne, mais par respect pour nos hôtes, je finis par les suivre. La cérémonie se déroule dans une case sur pilotis qui fait office de salle commune, car ici il n'y a plus de maloca. Ce local en est même le contraire, car les malocas sont au sol, avec un toit qui s'abaisse et exige de se baisser pour entrer dans un espace sombre. Le diacre commence une présentation sommaire des épisodes de la passion. Couché au sol le long d'un des murs, un autre jeune homme mâche de la coca. Soudain il se lève, se place en bout de la salle et commence un prestigieux sermon en forme d'exorde dramatisée. Tous les assistants l'écoutent, debout et immobiles. Je ne saurais jamais quelle part prenait la drogue dans le talent de ce jeune homme ; mais j'ai compris le pouvoir de ces prédicateurs improvisés sur les foules. Les évangélistes nord-américains sont-ils des imbéciles ou des criminels ? En tout cas ce sont des auxiliaires manifestes de leur mode de société, celle du capitalisme. En détruisant les structures des sociétés indiennes, ils font disparaître les savoirs indispensables à la survie en forêt, cet ensemble que nous pouvons qualifier d'empirique, fait de croyances, mais aussi d'échanges sociaux et de pratiques quotidiennes qui ont permis à l'être humain de s'acclimater dans ce milieu complexe, à la fois hostile et aux ressources cachées. Ces hommes qui étaient maîtres de leur destin après des millénaires de recherche d'un équilibre avec le milieu naturel se dirigeaient à présent vers une forme de clochardisation, sans repère, quand ils ne s'échouaient pas dans le sous-prolétariat péri-urbain.

Le prédicateur n'avait pas achevé que tout à coup des enfants accourent en criant « avion ! avion ! ». Nous courons chercher nos sacs et suivons le groupe dans la savane jusqu'à l'appareil de l'ILV. Un bimoteur aux ailes très longues, immobilisé dans la savane. Il est plein du matériel provenant de La Chorrera et d'autres sites, accompagné par J.D., photographe du programme.

Le bimoteur de l'ILV à La Sabana.

Le pilote est un grand et robuste blond flegmatique qui reste à l'écart. Sur les flancs de la carlingue bleue, dans la bande latérale blanche, en arrière de la porte d'accès, on trouve le logo de l'ILV sans autre mention que « Division de asuntos indigenas » et « Ministerio de Gobierno », signifiant l'implication directe du pouvoir colombien et sans aucune référence à la base « étatsunienne » de cet organisme. Nous prenons congé de ces pauvres naufragés Muinane et quelques minutes plus tard l'appareil se pose sur le plateau rocheux d'Araracuara où l'attendent des fûts de carburant. L'approche est spectaculaire car le plateau est interrompu sur son pourtour par d'imposantes falaises. C'est une prolongation vers l'ouest de la couverture du grès précambrien qui repose sur le bouclier de granite des Guyanes. Ce même grès forme les hauts plateaux ou « tepuis » de la Guyane vénézuélienne. Araracuara est une localité située en contrebas au voisinage de rapides sur le rio Caqueta qui s'écoule là dans des gorges. Un pénitencier se trouvait dans ce site isolé et ce sont les détenus qui ont aménagé la première piste sur le plateau. Pendant que le pilote fait le plein, nous cuisons dans la carlingue directement exposée au soleil, car il n'a pas voulu que nous quittions la cabine. Nous reprenons l'air et cette fois le bimoteur doit franchir la cordillère orientale pour découvrir la savane de Bogotà. Voilà terminée la vie en forêt.

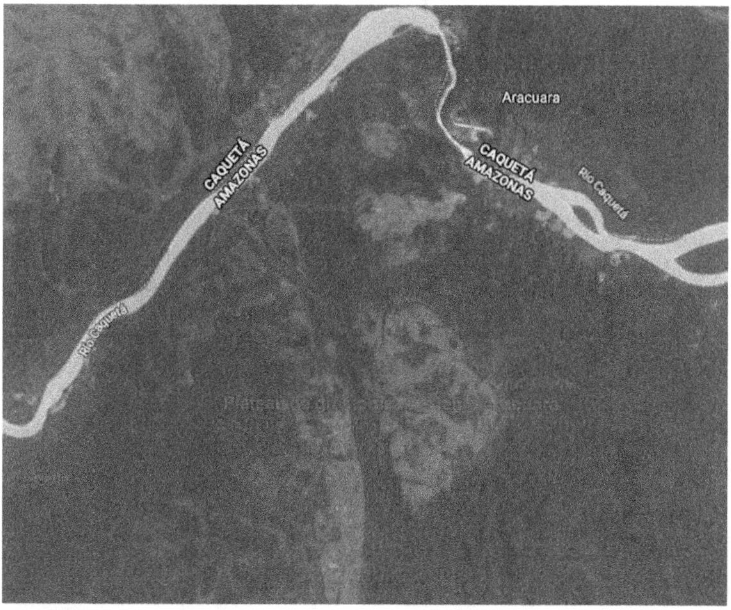

Le plateau d'Araracuara, dernière escale amazonienne avant de franchir la cordillère.

L'appareil s'immobilise devant un hangar à l'écart de la zone internationale et des services de contrôle de l'aéroport El Dorado, ce qui éclaire le statut de l'ILV vis-à-vis des autorités. Le matériel est déchargé et il est désormais sous la responsabilité des partenaires colombiens. C'est le retour dans le tumulte de la capitale. À présent, je dois obtenir un visa de transit pour Miami, faire la queue pour entrer dans une ambassade qui ressemble à une forteresse en béton et répondre avec irritation à la question de préciser ce que je venais faire en Colombie, moi de nationalité française. Ensuite des réunions pour faire le point sur les premiers résultats. Alors que tout se passe correctement avec les naturalistes dans le partage des informations et des collections selon le protocole initial, avec les anthropologues une crise se déclenche. Poussés manifestement par leur directeur, ils se livrent à une campagne de presse nous accusant d'avoir volé des objets indigènes ! Fort heureusement, les pièces destinées à l'exposition prévue au Musée de Neuchâtel sont déjà à l'ambassade de Suisse. Les objets qui ont servi de prétexte à ces attaques ont été ceux qui portaient nos noms, car il s'agissait des cadeaux que les Witotos nous avaient faits personnellement, en particulier la fameuse massue de mise à mort. Deux ans plus tard, à l'occasion d'un passage à partir du Pérou dans un village colombien en bordure du Putumayo, nous avons eu la preuve fournie par les indiens que le personnage qui nous accusait avait ensuite organisé à son profit une entreprise de production d'objets indiens dans le cadre d'un écotourisme suspect. Le plus navrant à mes yeux m'attendait à Paris. L'exposition de Neuchâtel intitulée « Amazonie du nord-ouest » a constitué un rendu du programme « culture sur brulis et évolution du milieu forestier ». Elle aurait dû venir ensuite à Paris au Musée de l'Homme. Mais le professeur alors en charge de ce secteur a refusé cette venue. À mon intervention auprès de lui pour connaître les causes de cette décision, il me répondit qu'il se soumettait à la pression de son homologue colombien, celui-là même dont on avait eu la preuve de la corruption. Devant mon indignation, il me fut répondu que « il y a des choses qu'on ne peut pas dire même si elles sont vraies ». Pour protéger des relations privilégiées au sein d'une confrérie de pouvoir, le Musée de l'Homme à Paris a ainsi raté une occasion d'anticiper ce qui le sauvera plus tard : la reconnaissance de l'insertion de l'être humain dans le milieu naturel en promouvant la collaboration entre sciences humaines et sciences de la nature.

C'est ainsi que j'ai découvert que même dans le milieu de la recherche l'hypocrisie et le double jeu sont pratique courante. Ce que je dénonçai dans une communication au congrès du centenaire de la Société des américanismes, comme point final de cette première expérience en Amazonie.[5]

Jean-Pierre Gasc

[5] Gasc, J.P. 1977. Reflexión de un biólogo sobre la investigación científica, la ideología dominante y los problemas indigenistas. *Actes XLIIe congrès intern. Américanistes, Paris 2-9 sept. 1976*, vol.2 :581-587.

Victoria regia, nénuphar géant dans un lago, bras mort de l'Amazone.

TABLE DES MATIÈRES